HISTOIRE NATURELLE

DES CRUSTACÉS.

DE L'IMPRIMERIE DE D'HAUTEL,
rue de la Harpe, N°. 80.

HISTOIRE NATURELLE

DES CRUSTACÉS

DES

ENVIRONS DE NICE.

PAR A. RISSO,

Membre Associé des Académies de Turin, de Marseille et
de Milan ; Correspondant de la Société Philomatique de
Paris, de la Société d'Agriculture de Turin , etc. , etc.

ORNÉE DE GRAVURES.

A PARIS,

A LA LIBRAIRIE GRECQUE-LATINE-ALLEMANDE,
RUE DES FOSSÉS-MONTMARTRE , N. 14.

1816.

INTRODUCTION.

« La détermination précise des espèces, et de
« leurs caractères distinctifs fait la première
« base sur laquelle toutes les recherches de
« l'Histoire Naturelle doivent être fondées; les
« observations les plus curieuses, les vues les
« plus nouvelles perdent presque tout leur mé-
« rite quand elles sont dépourvues de cet ap-
« pui; et malgré l'aridité de ce genre de tra-
« vail, c'est par là que doivent commencer
« tous ceux qui se proposent d'arriver à des
« résultats solides *. »

Pénétré de ces vérités proclamées par le célèbre auteur de l'*Anatomie comparée*, j'ose
présenter cet Essai historique sur les crustacés
de nos mers; l'avantage que j'ai eu de voir, d'observer, d'étudier ces animaux vivans pendant
plusieurs années, me permet d'en tracer les caractères d'une manière suffisamment détaillée.

C'est à la variété de son sol maritime, que
Nice doit le grand nombre de crustacés qui
pullulent dans ses eaux, et qui s'y multiplient

---

* *Cuvier*, recherches sur différentes espèces de crocodiles
vivans et sur leurs caractères distinctifs , *Annal. du Muséum*.

d'une manière si prodigieuse. Fonds unis de sable et de galets, bancs et rochers arides, anses et golfes abrités, température variable, profondeurs souvent très-différentes, tout contribue à réunir dans ces parages d'immenses essaims de mollusques, de vers, de radiaires et de polypes, qui servent ou d'habitations, ou de nourriture à ces animaux.

Les crustacés composent une des classes les plus remarquables des animaux invertébrés. Si leur aspect offre à l'extérieur de la bisarrerie dans la forme, et de l'éclat dans les couleurs l'intérieur ne présente pas moins un arrangement de parties admirable et une singulière organisation. En effet, en voyant un corps enveloppé d'une croûte calcaire, découpée en plusieurs pièces, et façonnée de mille manières, formant en dessus une espèce de couvercle, qui sert à garantir le cœur, le foie les branchies et tous les organes intérieurs, se divisant ensuite sur les côtés en pièces articulées, qui constituent un nombre de pattes plus ou moins considérable ; formant vers sa partie antérieure cette multitude de palpes, de mâchoires, d'antennes, et des pièces latérales, qui agissent toutes d'une manière si variée, on est ravi d'admiration pour ces êtres singuliers.

Toutes les mers nourrissent différentes tribus de ces animaux. Les Naturalistes les plus anciens, comme les plus modernes se sont occupés avec beaucoup de succès de l'étude de leur génération, de la transmutation de leur têt, et de la reproduction de leurs parties perdues ; mais, malgré les travaux de ces auteurs, que d'incertitudes, que d'anomalies, que de problêmes sont encore à résoudre dans l'histoire des crustacés ! Toutes les espèces qui vivent dans nos parages, semblent suivre cette belle loi zoologique tracée par le génie de Buffon pour les animaux terrestres, concernant le climat que chacun préfère. Nos grapses et nos talitres ne se plaisent que sur les rochers, et ils demeurent continuellement exposés à toute l'influence de l'air atmosphérique, ils s'enfoncent rarement sous les ondes, et semblent former la classe amphibie de ces animaux. Les crabes, les pagures, les thalassines et les ligies établissent leur demeure près du rivage. Les porcellanes, les chevrolles, les spheromes, les idotées, et les mysis se cachent sous les pierres couvertes de fucus, à deux mètres au plus de profondeur. Les *anceus*, les bopyres, les hippes, les pinnothères, les *ergine*, s'attachent à d'autres animaux, comme les caliges et les cyames aux poissons cartilagineux, et les cymothoës aux osseux, qu'ils suivent dans leurs différens voyages. Les phronimes, les palémons, les crangons, les *mélicertes*, et les *nikas*, flottant tantôt à la surface de l'eau, tantôt sautant avec légèreté audehors, ou s'enfonçant sous les vagues à de petites profondeurs, semblent préférer la douce température, qui suit les influences de notre atmosphère. Les portunes, les maïas, les macropes, etc. vivent en société dans la zone des Zostères ; et au-delà de cette région se trouvent les squilles, les *typhis*, les *euphées*, et les *égeons*. Les calappes, les dromies, les ocypodes, et les leucosies aiment cette température moyenne où pullulent les zoophites coralligènes ; et les palinures, les scyllares, les écrevisses et les galathées préfèrent les antres des rochers de 60 à 800 mètres de profondeur. Les alphées, les penées, et les *calypso*, n'habitent que les grands bancs de calcaire compacte, qui, semblables à des oasis au milieu des déserts, se trouvent entourés de limon et de vase dans les plus bas fonds. Les dorippes enfin ne se plaisent que dans les régions sous-marines où règne constamment une température de dix degrés.

Si la chaleur plus ou moins considérable

des eaux joue un si grand rôle sur l'économie des crustacés, la localité n'influe pas moins sur la consistance de leur têt. Ceux qui se promènent sur le sable du rivage ont une carapace plus fine et plus fragile que ceux qui vivent dans les trous des rochers ; ceux-ci diffèrent beaucoup des espèces qui flottent à la surface, des eaux ou nagent à de petites profondeurs. En vain l'on chercheroit des rapprochemens, de consistance entre les crustacés qui font leur résidence dans les endroits fangeux, et ceux qui ne fréquentent que les vallées sousmarines garnies de rochers.

Plusieurs de ces animaux ont des caractères qui paroissent avoir beaucoup d'analogie avec ceux des divers poissons de notre mer ; les uns ont le têt armé d'une pointe menaçante , comme le *xiphias ;* les autres laissent flotter du milieu de leur têt une huppe charnue, comme divers *blennies ;* quelques-uns ont leur front coupé transversalement, et garni de pointes sur les côtés , ce qui leur donne l'aspect des *céphaloptères ;* les autres ont cette partie terminée par un long rostre , comme l'*ésox bellone ;* ceux-ci sont hérissés d'épines et d'aiguillons, comme les *lépidolèpres ;* ceux-là sont lisses et unis comme les *torpilles.*

Divers noms vulgaires sont en usage parmi nous pour distinguer les crustacés. On appelle *sarratan*, *favouio*, *migrano*, les cancerides ; *Gritto*, *masqua*, les oxyrinques ; *ermito*, les paguriens ; *macotto*, *lingousto*, les langoustines ; *ligouban*, les homardiens ; *prégodieu*, les squillares, *sautarello*, les crevettines ; et *babarotto*, les aselottes et les cloportides. La plupart de ces animaux offrent aux habitans des côtes de la Méditerranée une nourriture saine et savoureuse, mais un peu pesante pour les estomacs délicats ; les autres servent de pâture aux différens animaux marins.

Parmi le nombre très-considérable des crustacés qui se trouvent sur nos plages, je n'ai, jusqu'à présent, observé que cent trente-deux espèces, et trente-cinq variétés, dont les deux tiers environ n'ont jamais été décrites par aucun Naturaliste. Continuant mes observations zoologiques, j'espère en pouvoir faire connoître de nouvelles, et je me propose de publier un jour l'histoire générale et particulière de toutes les espèces indigènes de cette partie de la mer Méditerranée qui baigne les pieds des Alpes maritimes.

TABLEAU *générique des Crustacés des environs de Nice.*

CLASSE.	ORDRES.	SECTIONS.	FAMILLES.	GENRES.
CRUSTACÉS. Animal sans vertebres, ayant un cœur, des branchies et des pattes. Corps aptere, crustacé; des branchies pour la respiration, soit extérieures, soit cachées sous les côtés du corcelet; pattes articulées; animaux ovipares.	1. CRYPTOBRANCHES. Tégumens durs; branchies; cachées sous le corcelet: yeux pédiculés sans palpes ou antennules; dix pattes foliacées ou mutiques.	1. BRACHIURES. Queue nue et courte.	1 CANCÉRIDES. Corps plus large que long, arrondi ou tronqué antérieurement?	1 Crabe.
				2 Dromie.
				3 Calappe.
				4 Ocypode.
				5 Grapse.
				6 Pinnothère.
				7 Portune.
			2 OXYRINQUES. Corps presque triangulaire, rétréci en pointe antérieurement.	8 Dorippe.
				9 Leucosie.
				10 Macrope.
				11 Maïa.
		2. MACROURES. Queue allongée, garnie de cils, de crochets, ou de lames natatoires.	3 PAGURIENS. Queue presque nue, terminée par des cils, des lames, ou des crochets.	12 Hippe.
				13 Anceus.
				14 Pagure.
			4 LANGOUSTINES. Queue garnie de lames natatoires s'ouvrant en éventail.	15 Scyllare.
				16 Palinure.
				17 Porcellane.
				18 Galathée.
			5 HOMARDIENS. Queue à lames natatoires disposées sur une même ligne, pattes monodactyles, ou didactyles.	19 Calypso.
				20 Thalassine.
				21 Ecrevisse.
				22 Crangou.
				23 Nika.
				24 Alphée.
				25 Penée.
				26 Egeon.
				27 Palémon.
				28 Mélicerte.
	2. GYMNOBRANCHES. Tégumens coriaces; branchies cachées ou inconnues; yeux le plus souvent sessiles: mandibules palpigeres; dix pattes ou plus; terminées par des crochets.	1 SQUILLINES. Tête distincte du corcelet.	6 SQUILLARES. Queue munie de lames ou de filets, yeux pédiculés.	29 Squille.
				30 Mysis.
			7 CREVETTINES. Queue avec ou sans appendices foliacés, yeux sessiles.	31 Phronime.
				32 Typhis.
				33 Euphée.
				34 Talitre.
				35 Crevette.
				36 Chevrolle.
				37 Cyame.
		2. TÉTRACÈRES. Lames foliacées natatoires, sous la queue dans la plupart.	8 ASELLOTES. Corps allongé formé de pièces transversales, antennes très-longues dans la plupart, pattes crochues.	38 Aselle.
				39 Idotée.
				40 Cymothoé.
				41 Sphérome.
				42 Bopyre.
				43 Ergine.
			9 CLOPORTIDES. Corps oblong, antennes intermédiaires très-petites, pattes onguiculées.	44 Ligie.
				45 Philoscie.
				46 Cloporte.
				47 Porcellion.
				48 Armadile.
				49 Glomeris.
		3. ENTOMOSTRACÉS. Tête nue ou soudée au corps, yeux sessiles.	10 CLYPÉACÉS. Corps recouvert d'un têt horizontal, en forme de bouclier.	50 Calige.
			11 OSTRACODES. Corps renfermé dans un têt bivalve.	51 Daphnie.
				52 Cypris.

HISTOIRE NATURELLE
DES CRUSTACÉS
DES ENVIRONS DE NICE,
DÉPARTEMENT
DES ALPES MARITIMES.

PREMIÈRE FAMILLE.
CANCÉRIDES.

GENRE I.er CRABE. *Cancer.* LIN.

Toutes les pattes ambulatoires, crochues et étendues horizontalement ; second article de la division interne des palpes extérieurs (pièces les plus inférieures de celles qui recouvrent la bouche) obtus, arête supérieure des mains, point aiguë. LAT.

De tous les crustacés qui sont compris dans la famille des cancérides, les crabes proprement dits sont ceux que la nature a répandus avec le plus de profusion dans toutes les mers ; ce sont aussi ceux qui nous offrent une nourriture plus abondante. Les espèces que je vais décrire sont toutes très-

agiles, soit qu'elles courent comme le C. rivuleux et
le C. ménade sur la surface sèche de nos bords, ou
qu'elles se tiennent comme le C. hérissé, et le C.
front-épineux, à quelques mètres dans l'eau près du
rivage ; les deux autres espèces sont encore plus vives malgré la masse énorme de fluide qui recouvre
les profondeurs où elles font leur demeure habi-
tuelle. Ces crustacés sont voraces, carnassiers, et
se réunissent toujours en grand nombre sur les
corps morts d'animaux marins dont ils font leur
nourriture. Les mâles ont le ventre recouvert
d'une petite pièce triangulaire, garnie à la base et
intérieurement de deux osselets crochus, avec lesquels ils se cramponnent pendant l'accouplement
à la femelle. Celle-ci est pourvue d'une grande
plaque bombée, avec six rangées de filamens soyeux
pour retenir, et entrelacer les œufs qu'elle laisse cou-
ler par un petit canal situé sous son ventre. Ces œufs
sont liés et attachés entre eux par une substance
glutineuse. Aussitôt que la femelle veut s'en débarrasser, elle s'approche des endroits abondans
en animalcules marins pour que ses petits puissent aisément trouver des alimens. A peine nés,
chacun d'eux suit l'instinct que la nature semble
lui imposer; on voit les uns se cacher sous les
pierres du rivage, tandis que les autres se plongent dans les profondeurs de la mer pour ne re-
paroître que dans le temps des amours. Toutes
choses à-peu-près égales dans notre climat

et sous notre latitude, chaque portée est de quatre
à six cents individus qui ne parviennent à leur
entier développement qu'après l'année révolue.
Presque tous nos crabes restent réunis en société
dans un même espace, et à mesure qu'on les poursuit, ils l'abandonnent pour se retirer dans les lieux
peu fréquentés par les pêcheurs.

ESPÈCES.

1. C. Poressa. Ol. *C. Poressa.* Ol.

C. Testa sinuata, bruneo-obscura, ovata, utrinque qua-
dridentata ; fronte fissa ; carpis striatis, pustulatis
apice atris. N.

Olivi, Zool. adriat. p. 48, t. 11, fig. 3.

Le têt de cette espèce est ovale, marqué de sillons assez profonds dirigés en tous sens, qui le font
paroître tuberculé. Ses bords latéraux présentent
de chaque côté quatre plis surmontés de pointes
coniques ; le front est quadrilobé ; les pinces sont
grosses, un peu comprimées, striées en-dessus, pustulées et à dents noirâtres. Les pattes sont courtes,
dentelées sur leur bord supérieur, et leur dernier article est garni de poils rudes *. La femelle

* Je préviens ici que la description de toutes les espèces de
crustacés qu'on trouve dans cette Histoire sont généralement
faites sur des individus mâles. J'ai toujourseu le soin de faire
connoître les caractères tirés, soit des formes, soit des couleurs,
qui différencient les femelles.

porte ses œufs qui sont d'une couleur brunâtre, dans le mois de juillet.

Dimens. long. 0,020 *mill. larg.* 0,028 *. *Séjour*; *dans les fissures des rochers.*

2. C. MENADE. Lat. *C. Mœnas.* Lin.

C. Testa lœviuscula , utrinque quinque dentata ; fronte triloba LATR. Gen. Crust. et Ins. t. 1, p. 30, sp. 2. LIN. Syst. nat. 2, 1043, 22. FABR. ent. Syst. supl. p. 334, N. 3. HERB. t. 7, fig. 46—47.

Le menade a le têt presque arrondi, bombé, avec quelques enfoncemens irréguliers ; il est coloré de vert sale, et varié de petits points obscurs. Ses bords latéraux ont cinq dents aiguës de chaque côté ; le front présente trois lobes obtus. La femelle dépose ses œufs, qui sont d'un brun verdâtre, dans les endroits fangeux, en avril et mai.

Dimens. long. 0,038 *mill. larg.* 0,048. *Séjour*; *dans les fentes des rochers du port de Nice.*

3. C. HÉRISSÉ. Lat. *C. Hirtellus.* Fabr.

C. Testa hirta, utrinque dentata; manibus extus murica- tis. LATR. Hist. nat. des Crus. et des Ins., t. 5, p. 367. N. 4. HERBST. t. 7, fig. 51.

Ce crabe a le têt légèrement sinueux, d'un brun

* Je crois aussi devoir avertir le lecteur, une fois pour toutes, que j'entends par le mot *longueur*, la mesure du têt d'avant en arrière prise au milieu, et par celui de *largeur*, la plus grande dimension de droite à gauche.

rougeâtre, couvert de longs poils fauves. Ses bords latéraux sont garnis de chaque côté de cinq épines bifides ou trifides. Le front est divisé en deux parties, dont chacune est surmontée de sept petites dents; les deux premiers articles des antennes extérieures sont ovoïdes; les pinces sont grandes, granuleuses en dehors, le quatrième article est unidenté. Les pattes sont variées de rouge. La femelle pond des œufs d'un brun gérofle, en juillet.

VARIÉTÉ. A. On trouve une variété de cette espèce dont le têt est glâbre, dépourvu de poils, et dont les pinces sont lisses et d'un brun obscur.

Dimens. long. 0,026 mill. larg. 0,030. Séjour ; dans les rochers du rivage.

4. C. FRONT ÉPINEUX. Lat. *C. Spinifrons.* Fab.

C. Testa lævi, utrinque dentata; dentibus secundo, tertioque bifidis ; manibus multispinosis. LATR. Gen. Cr. et Ins., t. 1 , p. 30, sp. 3. FABR. Supl. ent. Syst. HERBST. t. 9, fig. 58.

Le front armé d'un triple rang de pointes est un des caractères les plus remarquables de ce crabe. Ses bords latéraux sont garnis de cinq longues épines tridentées. Son têt est presque quadrangulaire, d'un brun rougeâtre, passant avec l'âge au bleu. Les antennes extérieures ont leur premier article renflé. Les pinces sont grosses et ont leur troisième articulation unidentée, les autres sont couvertes en dessus de pointes obtuses et de poils rudes. Les pattes sont garnies de faisceaux de poils. La femelle est d'un brun obscur marbré de jaunâtre; elle porte ses œufs en mars et avril.

Dimens. long. 0,060 mill. larg. 0,030. Séjour; dans la vase argileuse du rivage.

5. C. Rivuleux. N. *C. Rivulosus.* N.

C. Testa rivulosa virente, punctata, utrinque triplicata ; fronte integra; carpis angulatis. N.

Le têt de cette espèce est ovale en travers; le dessus est lisse, d'une couleur feuille morte et parsemé de points noirâtres; il est marqué de deux impressions longitudinales; ses bords latéraux sont ornés de trois plis; le front est coupé en ligne droite; les antennes extérieures sont très-courtes; les pinces sont épaisses, grosses et lisses; les pattes sont aplaties, et garnies de quelques poils. La femelle est variée de zones rougeâtres; elle porte ses œufs qui sont d'un vert sale, en janvier, mars et septembre.

Var. A. On trouve des individus verdâtres tachetés de points blanchâtres.

Var. B. Plusieurs sont aussi traversés de zones blanches sur un fond gris-jaunâtre.

Var. C. D'autres individus sont tachetés de rouge et ressemblent beaucoup au C. *punctatus* de la Collection du Muséum, qui est indiqué comme venant de l'Ile-de-France.

Dimens. long. 0,024 mill. larg. 0,028. Séjour ; sous les galets.

6. C. Arrondi. *C. Rotundatus.* Ol.

Planch. 1 , fig. 1.

C. Testa rotundata , utrinque novem dentata , ad angulos villosa; fronte tridentata; manibus compressis externe quinque lineatis ex punctorum seriebus. N.

Olivi , Zool. adriat. Tab. 2 , fig. 2.

Cette jolie espèce a le têt arrondi, bombé, couvert de très-petites protubérances, et garni sur son pourtour d'un petit rebord : des teintes rougeâtres, et jaune-pâle le colorent. Ses bords latéraux sont poilus en dessous, et munis de neuf aiguillons courbés de chaque côté. Le front est divisé en trois pointes aplaties, dentelées, dont l'intermédiaire est la plus longue. Les deux premiers articles des antennes extérieures sont très-longs. Les pinces sont comprimées, épaisses, poilues, garnies en-dehors de cinq rangées de petits points relevés, disposés en chaînons. Les pattes sont variées de jaune et de rougeâtre. La femelle pond des œufs d'un rouge-clair, en avril et juillet.

Dimens. long. 0,020 *mill. larg.* 0,020. *Séjour ; dans les antres des moyennes profondeurs.*

G. II. Dromie. *Dromia.* Fab.

Toutes les pattes ambulatoires et crochues ; les postérieures recourbées sur le dos.

Les dromies traînent toujours après elles différentes espèces d'alcyons. On ne sait si la forme de leurs pattes postérieures leur fait contracter cette habitude, ou si c'est leur propre instinct qui les porte à se cacher sous ces corps étrangers, pour éviter les attaques de leurs ennemis. Les habitudes indolentes que j'ai remarquées, être propre à plusieurs de ces animaux, me feroient plutôt présumer que ce sont les alcyons eux-mêmes qui viennent se fixer sur leur carapace, ainsi que plusieurs serpules; et ce qui me fait avancer cette opinion, c'est que j'ai trouvé souvent des dromies presque entièrement recouvertes de plusieurs de ces annelides, ou mêmes, enduites des débris de coquilles bivalves, et de zoophites phytoïdes qui devoient fortement les incommoder. Les dromies ne sortent de leur état d'immobilité qu'aux approches du solstice d'été. C'est alors qu'on voit les femelles porter un nombre indéterminable de petits œufs qu'elles déposent dans les bas-fonds remplis de débris de coquillages.

ESPECES.

1. **D.** DE RHUMPHIUS. **Lat.** *D. Rhumphii.* Fab.

D. *Testa hirta, utrinque dentibus quinque validis, sinu nullo notabiliori interjecto; brachiis pedibusque enodibus.* LATR. Gen. Crust. et Ins. t. 1, p. 27, sp. 1. HERB. t. 18, fig. 103.

La teinte générale de ce crustacé se compose

d'un mélange de petits points rougeâtres, blancs
et obscurs. Son têt est couvert de poils d'un fauve
ferrugineux ; il est bombé, et présente plusieurs enfoncemens. Chacun de ses bords latéraux est garni
de cinq ou six tubercules. Le front est découpé en
trois pointes obtuses, dont celle du milieu est la
plus petite. Le premier article des antennes extérieures est renflé. Les pinces sont grosses, et leur
troisième article est tridenté; le cinquième est couvert de longs poils, les dents sont roses. Les pattes
sont presque triangulaires; les postérieures sont
chacune terminées par deux ongles en forme de
pince crochue. La femelle est de couleur de rouille ;
elle dépose un grand nombre d'œufs d'un rouge
carmin, en juillet.

Dimens. long. 0,070 *mill. larg.* 0,075. *Séjour dans les
rochers de moyenne profondeur.*

2. **D.** Tete de mort. Lat. *D. Ægagropila.* Fab.

*D. Thorace globoso, mutico hirsutissimo digitis nudis
dentatis.* Fab. Syst. ent. p. 360. Herbst. p. 48, fig. 2-3.
Linn. Syst. nat. ed. 12, p. 1050. N. 61.

Cette espèce, que je ne fais qu'indiquer comme
indigène de nos mers, d'après le témoignage de
M. d'Audiberti, zélé naturaliste de Nice, qui
m'a assuré en avoir pris plusieurs individus lorsqu'on s'occupoit de la construction du port de
Ville-Franche, diffère de la précédente par la

forme plus globuleuse de son têt, par ses plus
petites dimensions, par sa teinte grisâtre, par l'absence de toute proéminence épineuse sur les bords
latéraux de son corcelet, et par ses pinces moins
longues, dépourvues de poils. On la trouve fort
rarement dans nos mers.

Elle est recouverte par l'alcyon domoncule.

G. III. CALAPPE. *Calappa.* Fabr.

Corcelet court, angles postérieurs larges, di-
latés, propres à recevoir les pattes; pinces
comprimées, en crête. LATR.

ESPÈCES.

C. MIGRAINE. Lat. *C. Granulata.* Fab.

*C. Testa tubercula angulis posticis dentatis; dentibus
postremis validis, acutis; margine postico ad basin
caudæ subemarginato.* LATR. Gen. Crust. et Ins. t. 1,
p. 28, sp. 3. FABR. Suppl. ent. syst., p. 346 N. 3. HERBST.
t. 12, fig. 75-76. ROND., l. 18, p. 404.

Une belle couleur de chair parsemée de taches
d'un rouge carmin est l'un des caractères princi
paux de cette espèce. Son têt est bombé, verru-
queux, marqué de quatre sutures longitudinales,
et découpé sur ses bords en huit parties égales.
Le front est terminé par deux petites protubé-

rances. Les pinces sont grandes, épaisses ; les pattes sont aplaties. La femelle pond ses œufs en été. Les calappes établissent le plus souvent leurs gîtes dans les fentes des rochers calcaires qui bordent notre côte, et plongent à vingt ou trente mètres de profondeur. Lorsqu'elles sont obligées d'abandonner, par la force du mouvement des flots, ces réduits où elles se tiennent ordinairement, elles retirent leurs pattes sous leur corcelet, rapprochent leurs pinces, et semblables à des boules ovoïdes se laissent tomber au fond des eaux. C'est alors que balottées par les vagues, elles sont jetées sur le rivage, où, ne pouvant plus rejoindre la mer, elles ne tardent pas à périr. C'est vers le crépuscule que ces animaux vont à la recherche des zoophytes et des mollusques dont ils se nourrissent. Ils sont voraces, et lorsqu'ils ont une proie en vue, ils ne se laissent pas facilement intimider. C'est vers la fin du printemps qu'ils se livrent aux besoins de la reproduction. Leur chair est fort bonne à manger.

Var. A. On trouve une variété dont le têt est sexdenté postérieurement. Sa couleur est un rose pâle, ses pattes sont blanchâtres, et ses ongles sont bruns.

Dimens. long. 0,070 larg. 0,095. Séjour dans les fentes des rochers.

G. IV. Ocypode. *Ocypode.* Fabr.

Têt presque en cœur où rhomboïdal ; yeux insérés près du milieu de son bord antérieur et portés sur un long pédicule. Latr.

ESPÈCE.

1. O. Longimane. Lat. *O. Longimana.* Latr.

O. *Testa lævi integra, angulis anticis spinosis, pedibus anticis longissimis.* Latr. Hist. Nat. des Crust. et des Ins. t. 6, p. 44, fig. 45. Fabr. Suppl. ent. syst., p. 34. N. 28. Herbst. t. 1, fig. 12.

Ce joli ocypode a le têt presque quadrangulaire, lisse, légèrement sinué au milieu d'un beau jaune doré avec des reflets roses. Ses angles antérieurs sont garnis d'une pointe. Le front est tronqué, les pinces sont longues et ont leur troisième et leur quatrième article munis d'une forte épine. Les pattes sont armées d'un aiguillon sur leur troisième articulation. La femelle est plus pâle que le mâle ; elle porte ses œufs en juillet.

L'ocypode longimane se tient ordinairement dans les rochers submergés, à une profondeur de vingt à trente mètres. Il marche sur ce fond avec dextérité, et s'approche de la surface de l'eau, mais sans jamais en sortir ; il se nourrit de petits poissons et de radiaires qu'il poursuit même dans les filets des pêcheurs. Lorsqu'il a atteint sa proie, il ne l'abandonne que quand il se sent en—

traîné hors de l'eau. Cet ocypode vit solitaire, et l'on n'en prend jamais qu'un ou deux dans le même lieu.

M. d'Audiberti avoit, avant la révolution, acclimaté avec la plus grande facilité le cancre fluviatile de Rondelet. Cet ocypode offroit un aliment à l'usage des phtisiques.

Dimens. Long. 0,020 *larg.* 0,034. *Séjour dans les fentes des rochers.*

G. V. GRAPSE. *Grapsus.* Lam.

Têt carré ; yeux insérés aux angles latéraux de son bord antérieur, brièvement pédiculés. Antennes intérieures cachées sous le bord du chaperon. LATR.

ESPÈCE.

1. G. MÉLANGÉ. Latr. G. *Varius.* Latr.

G. *Testa postice lateribus plicata, antice ad angulos bidentata, fronte plicis quatuor ; brachiis brevibus, digitis apice concavis.* LATR. Gen. Crust. et Ins. t. 1, p. 32, sp. 1. ROND., l. 18, p. 406. FABR. ent. Syst. t. 2, p. 450. HERBST. t. 20, fig. 114,

Un mélange de nuances vertes, grises, brunes et blanches colorent cette espèce. Son têt est lisse; le front est avancé et orné de quatre plis festonnés; les bords latéraux ont chacun trois pointes; les pinces ont leur premier article unidenté, le troisième den-

telé; les pattes sont aplaties, dentelées **au milieu**
et poilues. La femelle a des couleurs plus ternes que
celles du mâle, et pond plusieurs fois dans l'année.

VAR. A. Des individus de cette espèce sont con-
verts de grandes zones transversales, blanches, et
constituent, par leur singularité, une très-belle
variété.

VAR. B. D'autres sont absolument noirs (on doit
concevoir combien il doit se trouver de nuances
entre ces deux variétés).

Quoique ce grapse soit celui sur lequel un obser-
vateur patient pourroit étudier avec le plus d'exac-
titude les mœurs des animaux de ce genre, il s'en faut
bien que ses observations puissent se rapporter à leur
véritable objet. Foibles et timides, les grapses
cessent leurs courses, leurs jeux ou leurs combats,
aussitôt qu'ils ont à redouter le moindre danger;
ils s'arrêtent en fixant l'objet de leur crainte, et ils
ne tardent pas à se rassurer, et à reprendre leurs
exercices si l'on ne les trouble pas ; ou bien dans ce
cas ils fuyent avec vitesse au moindre mouvement
que l'on fait pour les saisir. Il est vraiment digne
de la curiosité d'un naturaliste d'étudier les com-
binaisons que cet animal emploie pour se soustraire
à son ennemi, quand il est poursuivi, surtout dans
un réservoir d'eau séparé de la mer et peu étendu,
tel qu'il s'en trouve sur nos rochers. Il semble cal-
culer ses démarches, il court dans un sens, revient

ou s'arrête, et s'il rencontre quelques fissures pour s'appuyer, il menace de ses pinces, et ne fuit que quand il est assuré d'échapper au danger. Le grapse mélangé abandonne, plusieurs fois le jour, sa demeure aquatique pour se promener au soleil. Il rôde pendant la nuit pour rechercher les corps morts rejetés par les flots. Les femelles pondent chaque fois de quatre à cinq cents petits œufs, alors elles se tiennent sous les pierres jusqu'à ce qu'ils soient éclos.

Dimens. long. 0,026 *mill. larg.* 0,028. *Séjour sur toute notre côte.*

G. VI. PINNOTHÈRE. *Pinnotheres.* Latr.

Têt presque orbiculaire ; palpes extérieurs réunis; animal vivant dans un Bivalve. LATR.

ESPÈCE.

P. DES MOULES. Latr. *P. Mytilorum.* Latr.

P. Testa ovato-orbiculata, antice subangustiore, convexa, solida, albida ; manibus ovatis ; digitis arcuatis. LATR. Gen. Crust. et Ins. t. 1, p. 34, sp. 2. HERBST. p. 103. N. 27.

Le têt de ce pinnothère est orbiculaire, lisse, d'une consistance un peu molle : un blanc rose le colore, ses bords latéraux paroissent un peu déprimés; le front est avancé en pointe mousse. Les pinces ont leur dernier article renflé, terminé par des dents très-ouvertes. Les pattes ont peu de longueur.

Les crustacés qui composent ce genre, sont généralement fort petits. Leur forme approche beaucoup de celle des leucosies; mais ils s'écartent de
celles-ci par la disposition de leurs palpes, par l'in-
sertion de leurs antennes, ainsi que par leurs mœurs
et leurs habitudes. Les anciens naturalistes, en s'occupant de ces animaux, leur ont donné des qualités
si merveilleuses, qu'ils semblent avoir voulu égayer
l'imagination plutôt qu'éclairer l'esprit. Les modernes, en les dépouillant de ce qu'on lui attribuoit de
singulier, n'ont cependant guère contribués a mieux
faire connoître leur histoire. Animal faible et pusil-
lanime, le pinnothère se traîne de rochers en rochers
jusqu'à ce qu'il ait atteint le byssus de la pinne
marine, sur lequel il grimpe pour se glisser entre
les valves de ce mollusque, pour se nourrir sans
doute de la substance glaireuse qui en découle.

Dimens. long. 0,011 *larg.* 0,014. *Séjour dans les valves du jambonneau marin.*

G. VII. PORTUNE. *Portunus*. Fabr.

Pattes postérieures terminées en nageoires;
yeux brièvement pédiculés. LATR.

Un des caractères propres aux portunes, consiste
dans la largeur de leurs pattes postérieures qui sont
en forme de rames, et qui leur servent à nager avec

vélocité, en parcourant d'assez grandes espaces toujours en lignes courbes. Tous les portunes qui habitent notre mer, vivent réunis en société ; et chaque
espèce choisit une demeure conforme à ses besoins
et à ses habitudes. Le bimaculé fait son séjour dans
la région des polypiers corticifères. Le pubère et
le plissé préfèrent les rochers de quatre à cinq cents
mètres de profondeur. Le dépurateur ne se plaît que
dans les plaines de gallèts, se mêlant toujours avec
les colonnes de petites clupées, telles que les anchois et les sardines. Un autre, imparfaitement dé-
crit par Rondelet, dont il porte le nom, se cache
sous la vase de nos bords. Le moucheté habite au
milieu des algues qui croissent à quelques mètres
de profondeur ; et l'espèce a laquelle j'ai imposé le
nom de *longues-pattes*, fréquente les trous du calcaire compacte qui bordent nos rivages. Les portunes se nourrissent de mollusques, et de petits
crustacés qu'ils brisent par morceaux, et broyent
au moyen des osselets de leur estomac. Leur chair
n'a pas le même goût dans toutes les espèces, et ce
n'est que celles qui vivent dans les rochers, qui sont
employées comme comestibles. Les autres servent
d'appât pour la pêche.

Plusieurs de ces crustacés sont tourmentés par
de petits asellotes parasites qui se glissent sous
leur corselet et s'attachent sur leurs branchies.
Les femelles des portunes font plusieurs pontes
dans l'année, et déposent chaque fois de quatre

cents à mille six cents petits œufs globuleux transparens, qui éclosent en plus ou moins de temps,
suivant le degré plus ou moins considérable de la
température.

ESPÈCES.

*

Bords latéraux à quatre dents.

1. P. De Rondelet. N. *P. Rondeleti.* N.

Planch. 1, fig. 3.

P. *Testa subtomentosa, bruneo-rubra, fronte integerrima, pilosa, carpis angulatis.* N. Rond., l. 18, p. 405.
de l'éd. franc.

Ce portune a le têt un peu bombé ; d'un brun
rougeâtre, marqué de sinuosités régulières et couvert d'un duvet rubigineux. Le front est un peu
avancé, tronqué, entier, poilu ; le premier article
des antennes extérieures est très-long. Les pinces
sont glâbres. Leur troisième article est marqué d'une
tache rougeâtre en-dessous. Le quatrième est armé
d'une épine en-dessus ; et le dernier, silloné sur les
côtés, est terminé par des dents obtuses noirâtres. Les
pattes sont déprimées, inégales, parsemées de poils.
La femelle porte de petits œufs brunâtres, en avril,
juin et septembre.

Var. A. Beaucoup d'individus de cette espèce varient dans leurs couleurs ; on en voit, de ceux qui

sont tachetés de blanc ou de gris, qui diffèrent très-peu de ceux qui portent le nom d'*integrifrons* dans la collection du Muséum d'histoire naturelle, et qu'on regarde comme venant du canal d'Entre-casteaux.

Dimens. long. 0,020 *larg.* 0,020. *Séjour ; dans les couches de vase peu profondes.*

* *

Bords latéraux à cinq dents.

2. P. Dépurateur. *P. Depurator.* Fab.

P. *Testa utrinque, fronte, dentibus quinque subæqualibus; carpis interne valide unidentatis.* Latr. gen. crust. et inst. t. 1, p. 26, sp. 1. Fabr. ent. syst., p. 365. N. 9. Herbst. t. 7, fig. 48.

Le têt est glâbre, uni, d'un gris-blanchâtre presque transparent. Le front, découpé en cinq dents inégales, présente le caractère le plus remarquable de cette espèce. Ses antennes extérieures ont leur premier article renflé. Les pinces sont grosses, à troisième articulation triangulaire, ciliée d'un côté, armée d'une pointe de l'autre ; la quatrième est presque arrondie, avec un aiguillon intérieur ; et la dernière qui est anguleuse, porte de petits sillons et des dents obtuses. La femelle pond des œufs d'une couleur aurore-pâle, en mars et juillet.

Dimens. long. 0,020 *larg.* 0,022. *Séjour ; sous les gallets de notre plage.*

5. P. Pubere. Ol. *P. Puber.* Ol.

*P. Canc. puber. thorace hirto , rugoso , utrinque quin-
quedentato , fronte crenata triloba.* Oliv. Encyclop.-
méthod., p. 131. N. 90. Fabr. ent. syst., p. 365,
N. 8. Linn. Syst. nat. 2, p. 1046. N. 40.

Ce portune, quoique le plus commun de la Méditerranée, a été souvent confondu avec d'autres
espèces. Son têt paroît formé de plaques superposées, finement denticulées, d'un rouge vif, agréablement nuancées par un duvet roussâtre. Le front est
orné de trois lobes obtus et crénelés. Les pinces sont
grosses , à seconde et troisième articulations triangulaires; la quatrième est armée d'un aiguillon, et la
dernière est marquée de sillons crénelés. Les pattes
sont bordées de poils; les postérieures sont terminées par une pointe aiguë. La femelle est un peu
plus bombée que le mâle; les lobes du front sont
moins obtus. Ses œufs, d'un jaune doré , éclosent
en avril, juillet et septembre.

Var. A. Les individus qui forment cette variété
sont d'un rouge pâle , parsemé de quelques taches
blanchâtres, avec un duvet à peine visible.

Var. B. Le têt de cette seconde variété est presque applati; les lobes du front sont à peine sensibles,

Dimens. long. 0,040 *larg.* 0,050. *Séjour , dans les rochers couverts de plantes marines.*

4. P. Plissé. N. *P. Plicatus.* N.

P. Testa plicata, utrinque æqualiter quinquedentata ; fronte quinquedentata, carpis rudis dentatis. N.

Cette nouvelle espèce à le têt inégal, applati et déprimé ; d'un jaune couleur de chair. Son front est armé de cinq longues pointes. Ses yeux sont d'un gris de perle. Le premier article des antennes extérieures est fort gros. L'abdomen est d'un blanc luisant. Les pinces sont rudes ; ayant leur quatrième articulation, armée d'un aiguillon du côté intérieur, et de trois pointes obtuses en-dessus ; la dernière comprimée et marquée de trois nervures granuleuses avec un aiguillon latéral ; les dents des pinces sont petites. Les pattes sont applaties, pubescentes ; les postérieures terminées par une large pièce ovale, violette, bordée de jaune et ciliée. La femelle est moins colorée que le mâle. Elle porte des œufs d'un jaune pâle, en mars et septembre.

Var. A. Quelques individus de cette espèce sont d'une couleur de chair uniforme.

Dimens. long. 0,030 *larg.* 0,035. *Séjour, dans les fonds rocailleux.*

5. P. Moucheté. N. *P. Guttatus* N.

P. Thorace lævi virescente, albo, punctato, fronte rotundata, integerrima ; carpis unidentatis. N.

Le portune moucheté a le têt lisse, un peu bombé, d'une couleur noirâtre, parsemé de quelques

points blancs sur les angles postérieurs. Le front
est arrondi, entier; les premiers articles des antennes extérieures sont très-longs. L'abdomen est
d'un blanc d'émail. Les pinces sont épaisses, égales;
et leur quatrième articulation est armée d'une
épine en dessus. Les pattes sont glâbres, sillonées;
les postérieures sont longues, applaties, ciliées. La
femelle est pleine de petits œufs noirâtres, en mai
et octobre.

Dimens. long. o,o18 *larg.* o.o2o. *Séjour, dans les algues.*

6. P. LONGUES-PATTES. N. *P. Longipes.* N.

Planch. 1, fig. 5.

*P. Testa ruberrima, utrinque inæqualiter quinqueden-
tata, fronte sinuata, carpis glabris, pedibus longissimis.* N.

Une impression transversale divise le têt glâbre
et légèrement bombé de ce portune. Sa couleur est
d'un rouge brillant, tacheté de grisâtre. Les cinq
dents latérales sont très-longues, inégales, courbées. Le front est sinué; les antennes extérieures
sont très-longues et à premier article renflé. Les
pinces sont bombées; leur troisième articulation
est triangulaire; la quatrième armée de deux
pointes, la cinquième d'un aiguillon, et les dents
très-grosses. Les pattes sont très-grêles et très-longues; les postérieures plus courtes, ont leur dernière pièce pourvue de deux nervures. La femelle,

dans le temps des amours , est ornée de deux
grandes taches d'un rouge foncé , sur la partie
antérieure du têt. Ses œufs , d'un rouge aurore ,
éclosent en juin et septembre.

Dimens. long, 0,022 *larg.* 0.030. *Séjour, dans les trous
des rochers profonds.*

7. P. A deux taches. N. *P. Biguttatus.* N.

Planch. 1 , fig. 1.

*P. Testa ovata, lævi, luteo-alba, rubro-guttata, fronte
proeminente, carpis æqualibus, subvillosis.* N.

Le têt de cette espèce est d'un blanc jaunâtre ,
orné de deux grandes taches d'un rouge de corail.
Il est subcordiforme, lisse, bombé , garni d'un petit rebord. Le front est proéminent, terminé en une
pointe onduleuse sur les côtés. Les deux premiers
articles des antennes extérieures sont renflés. Les
pinces sont pubescentes ; la troisième et quatrième
articulation sont unidentées ; la dernière est marquée par des rainures en-dessus. Les pattes sont
larges, courtes, applaties ; les postérieures ovales ,
lancéolées, aiguës. La femelle a ses taches rouges
plus grandes que celles du mâle. Elle pond des
œufs d'un jaune doré, en mai et août.

Dimens. long. 0,020 *larg.* 0,022. *Séjour , dans la région des coraux.*

DEUXIÈME FAMILLE.
OXYRYNQUES.

G. VIII. DORIPPE. *Dorippe*. Fabr.

Têt déprimé subovoïde où quadrangulaire ;
tronqué sur le devant, les quatre pattes
postérieures recourbées sur le dos. LATR.

De tous les oxyrynques qui vivent dans nos mers,
l'espèce qui joint aux dimensions les plus grandes,
la forme la plus élégante, est celle a qui j'ai donné
le nom du célèbre auteur de l'Anatomie comparée.

Ce dorippe paroît terminer, parmi nos crustacés,
le dernier degré de l'échelle géographique, que j'ai
remarquée depuis la surface sèche de nos bords,
jusque dans les vastes et profondes vallées sousmarines où règne constamment une température uniforme de dix degrés. L'on tenteroit en vain d'étudier les mœurs et les habitudes de cette espèce qui
n'approche jamais des bords, et ne s'avance que
pendant les fortes chaleurs de l'été, encore à la
profondeur de deux mille mètres environ, où on le
pêche au palangre. J'ai eu occasion de voir deux individus vivans de cette espèce ; leur contenance étoit
menaçante ; ils se relevoient sur leurs longues pattes,
marchoient avec précipitation, et ne cessoient de re-
muer vivement les parties qui composent leur bou-

che, présentoient leurs pinces en avant l'une contre l'autre, en faisant battre les doigts. Ces animaux se laissoient mourir peu de temps après leur sortie de l'eau. Le nom de *Masca*, que nos pêcheurs leur donnent, semble ne leur avoir été imposé qu'à cause de la frayeur qu'il font éprouver par leur attitude. leur chair est meilleure que celle du Homard.

L'espèce que je nomme *épineuse* n'avoit été remarquée, depuis Rondelet, par aucun naturaliste. Ces animaux habitent les profondeurs de deux cents à trois cents mètres, et se réunissent le plus ordinairement sur de petits espaces graveleux, où on les pêche en jetant des filets serrés, pendant le calme de la mer, en juin et juillet. Le mascarone et le facchino sont assez rares sur nos côtes.

ESPÈCES.

1. D. Mascarone. Latr. *D. Mascaronius.* Latr.

D. *Testa quadrangulari, sublævi, lateritio, fronte spinis sex brevissimis, lateribus integerrimis ; pedibus, manibusque lævis.* Latr. Hist. nat. des Crust. et des Ins. t. 6, p. 128. N. 4. *Inachus Mascaronius.* Fabr. Supp. ent. syst. p. 357. N. 12. Herbst. t. 9 ou 11, fig. 69 ?

Les figures que plusieurs naturalistes ont données de cette espèce, sont aussi défectueuses que les descriptions qu'ils en ont faites. Son têt est quadrangulaire, plane, presque lisse. Ses bords latéraux sont droits et unis. Le front est divisé et garni de chaque côté de trois pointes aiguës. Les yeux sont situés sur de longs pédicules. Les trois premiers ar-

ticles des antennes extérieures, sont très-longs. Les
pinces courtes et glâbres, ont leur cinquième article
un peu renflé. La première et la seconde paire de
pattes sont alongées et grêles. La couleur de ce dorippe est d'un rouge pâle varié de grisâtre. La femelle
est un peu plus grosse et moins colorée que le mâle.

Dimens. long. 0,009 *larg.* 0,006. *Séjour; au milieu des
plantes marines.*

2. **D.** Facchino. **D.** *Facchino.* Latr.

*D. Testa subquadrangulari, gibbosa; fronte quadrispi-
nosa; manibus brevibus.* N. Jan. plant. t. 5 , fig. 1. Bon.
p. 208 , pl. 4 , fig. 2. Herbst. tab. 11 , fig. 70.

La forme du têt de ce dorippe présente plusieurs
éminences assez bizarrement situées, pour avoir
donné l'idée à plusieurs auteurs, de reconnoître
dans leur assemblage une figure humaine décrépite.
Sa couleur est le jaune pâle. Il est recouvert d'un
duvet très-court, jaunâtre. Son front est coupé en
ligne droite et se termine par quatre protubérances
épineuses. Ses pinces sont courtes. Les pattes sont
longues et applaties. La femelle est très-peu différente du mâle.

Dimens. long. 0,027 *larg.* 0,030. *Séjour; sur les rochers profonds.*

3. **D.** Épineux. N. *D. Spinosus.* N.

*D. Testa quadrangulari, oblonga, subdepressa, auran-
tiaca, lateribus dentibus nono inæqualibus; fronte rotundata, aculeata; carpis triangularibus, pilosis, spinosisque.* N. Rond., l. 18 , c. 17, p. 405.

Cette jolie espèce d'une couleur orangée, est gé-

néralement couverte d'un duvet. Son têt est mince ,
quadrangulaire, alongé, presque applati, avec des
enfoncemens réguliers. Ses bords latéraux sont garnis de neuf pointes de chaque côté. Le front est arrondi, un peu relevé, muni de dix-sept aiguillons
placés sur cinq rangs, et terminé sur le devant par
un petit prolongement en forme de croissant. Le
premier article des antennes extérieures, est renflé et
unidenté ; le second alongé et pointu ; le troisième
fort court. Les pinces sont longues, presque triangulaires, garnies de longs poils, et leur troisième
et quatrième article sont épineux. Les pattes sont
applaties et présentent à leur extrémité une rangée
de pointes disposées en dents de peigne. La femelle
porte des œufs d'un rouge de laque , en juillet.

Dimens. long. 0,046 *larg.* 0,035. *Séjour , dans les régions coralligènes.*

4. D. Cuvier. N. *D. Cuvieri.* N.

*D. Testa inæquali subquadrangulari , muricata , rubro
testaceo carneo ; fronte spinis tribus elongatis ; carpis
longissimis , spinosis, pilosisque.* N.

Le têt de cette nouvelle espèce est relevé, presque triangulaire , inégal, chargé de plusieurs enfoncemens et de pointes coniques. Ses bords latéraux
antérieurs offrent une protubérance avec un aiguillon au milieu. Le front est terminé par trois longues
pointes disposées en triangle. Le premier article
des antennes extérieures est presque triangulaire ,

lisse d'un côté, unidenté de l'autre, et tridenté en
dessous. Les antennes intérieures sont implantées
sur deux prolongemens épineux, séparés par des
protubérances en crêtes dentées. Les pinces sont fort
longues, arrondies, épaisses, épineuses, parsemées
de longs faisceaux de poils. Les pattes ont leur trois
premiers articles arrondis, bordés d'épines ; les autres sont applatis et terminés par des crochets
noirs et poilus. La couleur de ce gros crustacé est
un léger incarnat qui passe au jaunâtre. La femelle
dépose ses œufs d'un jaune pâle, en août.

Dimens. long. 0,160 *larg.* 0,140. *Séjour; dans les plus
grandes profondeurs de la mer.*

G. IX. LEUCOSIE. *Leucos.* Fabr.

Second article de la division interne des palpes
extérieurs rétréci insensiblement vers son
extrémité supérieure ; antennes fort petites.
LATR.

ESPÈCE.

L. NOYAU. Latr. *L. Nucleus.* Fab.

L. *Clypeo antice bidentato ; testa margine postico bicre-
nato suprà utrinque parva, supera ; brachiis elongatis
filiformibus.* LATR. Gen. Crust. et Ins. t. 1, p. 36 N. 1.
FABR. Suppl. ent. syst. p. 351. N. 9. HERBST. t. 2, f. 14.
SULZ. - Hist. Ins. t. 31, fig. 3.

La leucosie noyau a le têt épais, orbiculaire,
très-lisse, d'un brun châtain lustré, garni vers sa

partie inférieure de deux petites pointes. Ses bords
latéraux sont ornés de chaque côté d'une proéminence épineuse, et le front est bidenté. Son abdomen est d'un blanc d'émail, ses pinces sont filiformes à troisième articulation granuleuse; les pattes
sont grêles.

Le genre des leucosies renferme plusieurs espèces, dont une seule se trouve sur nos côtes. C'est dans
les moyennes profondeurs que cet oxyrynque fait
son séjour, et il n'en sort que pour se jetter sur
quelque proie facile que le hasard conduit près de
son habitation. La démarche de notre leucosie est
lente, on ne la voit courir que dans le danger; elle
vit solitaire et isolée dans les écueils des rochers
calcaires, où elle reste cachée au milieu des flustres
et des madrepores. La femelle dépose de deux à
trois cents œufs rougeâtres qui éclosent pendant l'été.

Dimens. long. 0,034 *larg.* 0,024. *Séjour; dans les
moyennes profondeurs.*

G. X. MACROPE. *Macropus.* Latr.

Pattes postérieures comme les mains; yeux
écartés, palpes extérieurs avancés, étroits,
le second article de leur division interne
allongé. LATR.

Les macropes offrent peu d'intérêt par leur propriétés économiques. Les premières observations qui

ont été faites sur ces animaux sont dues à Rondelet,
qui annonça plutôt qu'il ne décrivit les deux espèces suivantes : la première sous le nom d'araignée
de mer, et la seconde sous celui de cancre à bras
courts. Gmelin dans le *Syst. Natur.* ne rappela au
souvenir des naturalistes que l'araignée de mer, sous
le nom de *cancer dodecos*. Fabricius le comptoit
parmi ses insectes, et M. de Latreille le plaça, dans
son histoire naturelle des crustacés et des insectes,
dans le genre macrope, sous le nom de long-bec.

Ces crustacés s'écartent des maïa par la forme de
leur têt qui est plus pointu et plus effilé sur le devant ; par sa consistance qui est plus foible et plus
coriace, par sa grandeur qui est infiniment moindre. Les macropes diffèrent encore du genre suivant par la disposition des palpes et des antennes ;
par la position des yeux qui sont portés sur de
longs pedicules écartés ; par la forme particulière
des pinces qui sont retournées du côté extérieur ;
par les proportions des pattes qui sont minces, longues et debiles. Enfin il n'y a pas jusqu'à leur manière de vivre et le choix des lieux qu'ils habitent,
qui ne les séparent de ce même genre. Le macrope
long-bec, ainsi que ses variétés, est fort commun sur
nos rivages ; le *M. petit-bec* ne sort que très-rarement du milieu des algues, où il fait sa résidence
ordinaire ; et *l'aracnide* est aussi très-peu commun.

ESPÈCES.

1. M. Long bec. Latr. *M. Longirostris.* Latr.

M. Testa pubescente ; antice spinis tribus erectis, postice tuberculis obtusis ; rostro bifido. Latr. Gen. Crust. et Ins. t. 1, p. 39, sp. 1. Rond., l. 18, c. 24. *Inachus longi rostris.* Fabr. Suppl. ent. syst. p. 1046. *Cancer dodecos.* Gmel., p. 2978. Vil. ent. t. 4, t. 11, fig. 12.

Le front est terminé par deux aiguillons, réunis, poilus, qui distinguent cette espèce de la suivante. Son têt est presque triangulaire, tuberculé, inégal, pubescent, d'un vert clair translucide. Les bords latéraux antérieurs sont garnis de petites pointes. Les pinces sont grosses, triangulaires, épineuses, moins longues que les pattes qui sont rondes, grêles, couvertes de poils rudes avec des crochets pointus et de longs fils déliés à l'extrémité. La femelle est d'un rouge pâle ; elle est pleine de petits œufs, en février et juin.

Variétés. A. Le *M. long-bec* passe souvent au rouge, au jaune, au gris, ou au blanc, ce qui constitue plusieurs variétés.

Dimens. long. 0,025 *larg.* 0,012. *Séjour ; dans le sable de notre golfe.*

2. M. Petit-bec. N. *M. Parvi rostris.* N.

M. Testa subcordata, tomentosa, rubra, spinis sex elongatis ; rostro et carpis brevissimis ; pedibus longissimis. N. Rond., l. 18, c. 20, p. 400, fig. exacte.

C'est aux environs des îles de Lerins que Ronde-

let découvrit cette espèce, que j'ai également trouvée sur nos bords. Son têt est presque cordiforme,
d'un rouge de corail avec un duvet roussâtre qui en
ternit l'éclat ; il est garni de six longues épines ; les
bords latéraux sont lisses, armés d'une seule pointe
près des yeux. Le front est terminé par deux courts
aiguillons. Les antennes extérieures sont renflées à
leur base. Les pinces sont courtes, arrondies, terminées par des dents très-ouvertes. La première
paire de pattes est très - longue, fort épaisse, couverte de poils rudes ; les autres sont minces, glabres, et crochues. La femelle dépose ses œufs qui
sont de couleur aurore, dans le mois de septembre.

Dimens. Long. 0,020 *larg.* 0,020. *Séjour ; dans les algues profondes.*

3. M. ARACNIDE. Lam. *M. Aracnides.*

*Testa subtrigona , inæquali, posticæ spinosa ; rostro
brevi.* N.

M. de Lamarck a , dans la collection du Muséum
d'histoire naturelle , donné le nom d'aracnide à
cette espèce de macrope que je n'avois considérée
que comme une variété. Son têt est presque triangulaire , un peu bombé sur le devant, et parsemé de
quelques pointes sur les angles postérieurs. Son
rostre est peu avancé , presque arrondi. Les pinces
sont grosses , grandes , presque lisses. Les pattes
sont aussi longues et parsemées de poils. La femelle
est peu différente du mâle.

Dimens. long. 0,036 *larg.* 0,016. *Séjour ; dans les fucus.*

G. XI. MAÏA. *Maïa.* Lam.

Pattes postérieures très-petites ; yeux écartés,
palpes extérieurs point avancés ; les deux
premiers articles de leur division interne
larges. LATR.

———

Les maïas forment le genre le plus nombreux en
espèces de tous ceux qui composent la série des oxyrynques. Ces crustacés se distinguent par la forme
presque arrondie, en cœur, quadrangulaire, ou presque pentagone de leur têt, qui est toujours hérissé
d'aspérités, de protubérances ou d'aiguillons. Leur
front est toujours muni de deux pointes aiguës, et
leurs pattes sont ordinairement parsemées de poils
rudes. Lorsque les maïas sont prêts à changer de
têt, ils se retirent dans les moyennes profondeurs,
se cachent sous les ulves, les algues, ou les fucus,
et restent plusieurs jours dans un état de torpeur.
C'est ordinairement après cette espèce de méta-
morphose que le mâle court à la recherche de
la femelle pour s'accoupler. Plusieurs espèces
portent au-delà de six à dix mille œufs ; d'autres
n'en font qu'un petit nombre et ne frayent qu'une
fois dans l'année. Dans le prélude de leurs amours
les grandes espèces s'approchent du rivage, et parcourant la mer en tous sens se jettent plus facilement dans les filets, que pendant les autres épo-

ques de leur vie. Aussitôt que la femelle veut se débarrasser de ses œufs, elle choisit les endroits tapissés de plantes marines, et les dépose parmi ces
végétaux. La plupart des maïas vivent plusieurs années; ils ne vont ordinairement à la recherche de
leur nourriture que pendant la nuit.

E S P È C E S..

*

Tét épineux; pinces longues et épaisses.

1. M. Condyle. Ol. *M. Condyliata.* Ol.

*M. Testa cordata, paullo muricata, lateribus utrinque
quinquespinosis; rostro brevissimo; carpis elongatis,
triangularibus, ruberrimis.* N. Ol. Encycl. méth., p.
170. Fabr. ent. Syst. p, 324. *n°.* 65. Herbst. pl. 18,
fig. 99.

Cette belle espèce a le têt cordiforme, d'un rouge
pâle, couvert d'un duvet brunatre, et parsemé de
petites proéminences épineuses qui diminuent insensiblement vers le front; celui-ci est terminé par deux
pointes coniques très-courtes, les bords latéraux
sont armés de cinq épines aiguës; la partie postérieure est garnie de trois pointes. Les pinces sont
triangulaires, épaisses, d'un beau rouge de corail; le
premier article est glàbre, le troisième long, épineux; le quatrième couvert de pointes en dehors,
et le dernier quadrangulaire, renflé, lisse d'un côté
avec quelques aiguillons de l'autre. Les pattes sont
arrondies, annelées de rouge et de brun avec des

poils courts et des ongles crochus. La femelle est pleine de petits œufs d'un rouge cinnabre en juillet.

Dimens. long. 0,060 larg. 0,050. Séjour; dans les profondeurs habitées par les coraux.

2. M. DUMÉRIL. N. *M. Dumerili.* N.

M. Testa, manibus, pedibusque spinosis ; fronte spinis duabus, elongatis, hirsutis; digitis penicellatis. N.

Le têt de cette maïa est ovale, oblong, presque cordiforme, bombé, d'un jaune pâle, couvert de pointes coniques aiguës. Son front est avancé, et se termine en deux longs prolongemens pointus ; les bords latéraux sont armés de neuf gros aiguillons ; la partie postérieure est garnie de quatre petites épines. Les deux premiers articles des antennes extérieures sont très-épais. Les pinces presque arrondies, et épineuses, ont leur dernier article renflé, armé de longues dents noirâtres, pustulées avec des faisceaux de poils rudes. Les pattes sont longues, presqu'aplaties, épineuses; les postérieures ont leur dernière articulation garnie de pointes aiguës disposées en dents de peigne. La femelle pond des œufs jaunâtres dans le mois de juin. Cette espèce est différente de toutes celles qui existent au Muséum d'histoire naturelle.

Dimens. long. 0,160 larg. 0,120. Séjour; dans les vallées sous-marines.

⁂

Têt épineux; pinces courtes et médiocres.

3. M. SQUINADO. Latr. M. *Squinado.* Latr.

M. Testa muricata ; fronte spinis duabus, latere singulo sex, elongatis, conicis; brachiis pedibus duobus sequentibus vix longioribus; manibus cylindricis, lævibus; digitis edentulis. LATR. Gen. Crust. et Ins. t. 1, p. 37. sp. 2. ROND., l. 18, p. 402. *Cancer spinosus.* OL. Encycl. méthod., p. 137. HERBST. t. 14, fig. 84-85.

Le squinado est fort commun au printemps sur toute notre côte. Son têt est ovale, presque cordiforme, inégal, muriqué, d'un bleu pâle qui passe avec l'âge au rouge incarnat ou au jaune pâle. Son front est muni de deux longs aiguillons coniques, poilus. Les bords latéraux de sa carapace sont garnis de huit pointes, et la partie postérieure est terminée par deux proéminences épineuses. Les pinces sont variées de bleu, de blanc et de rouge; leur premier article est court, triangulaire, bordé de poils; le second, lisse, globuleux en-dessous, se prolonge en pointe mousse sur les angles; le troisième est long et muriqué; le quatrième est un peu granuleux en-dessus, et le dernier est glabre. Les pattes sont arrondies. La femelle a les pinces plus courtes que celles du mâle; elle dépose ses œufs qui sont d'un brun rougeâtre, en mars, juillet, et septembre.

Dimens. long. 0,200 larg. 0,130. *Séjour;* dans les zostères du rivage.

4. M. Coralline. N. *M. Corallina.* N.

Planch. 1 , fig. 6.

M. Testa subcordata, inæquali, lateribus utrinque qua-
drispinosis ; fronte spinis duobus elongatis, porrectis,
hirsutis ; pedibus tuberculatis ; manibus brevibus. N.

L'espèce à laquelle je donne le nom de coralline,
a le têt presque cordiforme , inégalement bombé ,
d'un rouge de corail pâle. Ses bords latéraux sont
armés de chaque côté de quatre pointes aiguës,
dont celles du milieu sont à peine apparentes;
la partie postérieure est garnie d'une protubérance
épineuse. Le front se prolonge en deux longs aiguillons pointus , droits , adhérens , poilus ,
L'abdomen est glabre. Les pinces sont rondes,
un peu plus courtes que les pattes de devant ;
leurs troisième et quatrième articles sont garnis de
pointes émoussées ; le cinquième est renflé, et terminé par des dents grêles ; les pattes sont longues,
arrondies , tuberculeuses avec quelques poils et des
ongles crochus. La femelle pond des œufs d'un
rouge foncé, en février, juin, et en septembre.

Var. A. On trouve quelquefois des individus mélangés de rouge et de blanc.

Dimens. long. 0,036 larg. 0,018. *Séjour ; dans les*
fucus.

⁂

Têt tuberculeux ; pinces longues et épaisses.

5. M. Hirticorne. Latr. *M. Hirticornis.* Latr.

M. Testa subovata, tuberculata, inæquali, utrinque quinquespinosa; fronte spinis quatuor validis, intermediis longioribus, approximatis, hirsutis ; pedibus spinosis. N. *Cancer furcatus.* Ol. Encycl. méthod. p. 174. Herbst. t. 59, fig. 4.

Le trait le plus remarquable de cette espèce est d'avoir le têt relevé en bosse au milieu, coloré d'un brun verdatre avec un duvet fort court. Ses bords latéraux sont hérissés de chaque côté de cinq épines inégales, crochues. Le front est armé de quatre pointes divergentes, les deux du milieu plus longues adhérentes à leur base, et poilues. Les trois premiers articles des antennes extérieures sont longs et épais. Les pinces sont grosses; leurs troisième et quatrième articles sont parsemés de pointes, leur dernier est glâbre, et renflé. Les pattes sont épineuses et poilues. La femelle est couverte de longs poils touffus, les œufs qu'elle dépose dans les algues, en mars et juillet, sont d'un rouge de carmin.

V_AR_. A. Des individus de cette espèce sont colorés quelquefois d'un rouge assez vif.

V_AR_. B. D'autres ne présentent que des couleurs ternes et obscures et sont dépourvus de poils.

Dimens. long. 0,050 larg. 0,030. *Séjour; dans les fucus.*

6. M. Armé. Latr. M. *Armata* Latr.

M. Testa pentagona, gibbosa, aurantiaca, angulis posticis mucronatis; fronte spinis duabus, elongatis; carpis longissimis spinosisque; pedibus pilosis. N. Latr. Gen. Crust. et Ins. p. 38, t. 1.

La configuration de cette espéce est singulière. Son têt est pentagone, relevé en plusieurs bosses inégales; il est silloné profondément vers sa partie postérieure, et couvert d'un duvet très-fin. Le front se prolonge en deux longues pointes hérissés de poils rudes, divergentes au sommet. Les pinces sont longues, épaisses, à troisième et quatrième articles parsemés de pointes mousses; le cinquième est renflé avec un aiguillon au milieu; il est terminé par des dents serrés. Les pattes sont courtes, arrondies, poilues. La femelle est pleine d'œufs au mois d'août.

Var. A. On voit quelquefois des individus mélangés de rougeâtre et de jaune pâle.

Dimens. long. 0,048 *larg.* 0,040. *Séjour; dans les fentes des rochers*

* * * *

Têt tuberculeux; pinces courtes et médiocres.

7. M. Goutteux, Latr. M. *Chiragra.* Latr.

M. Testa nodosa, sanguinea, inæquali; rostro plano retuso; pedibus nodosis. N. Latr. Hist. nat. des Crust.

et des Ins. t. 6, p. 95. N. 7. *Inachus Chiragra.* Fabr. Suppl. ent. syst. p. 357. N. 11. *Cancer Cruentatus.* Lin. Syst. nat. edit. 12, p. 1048. N. 50. *Cancer. chiragra.* Gmel. p. 2950. N. 136.

Le goutteux a le têt pentagone, d'un beau rouge de corail, présentant dans son milieu deux bosses arrondies, pointillées. Ses bords latéraux et postérieurs sont garnis de chaque côte de quatre protubérances, avec un petit prolongement bifide au milieu. Le front est tuberculeux; il se prolonge en deux larges pointes, aplaties, adhérentes, coupées en ligne droite sur le devant. Les antennes extérieures sont un peu renflées à leur base. Les pinces sont arrondies; leur troisième et quatrième article sont tuberculés, et le cinquième est glabre. Les pattes sont courtes, noduleuses et parsemées de faisceaux de poils. La femelle est pleine d'œufs d'un rouge vif, en juillet.

Dimens. long. 0,044 larg. 0,022. Séjour; dans la région des coraux.

8. M. Jaune. N. M. *Lutea.* N.

M. Testa gibbosa, pentagona, lutea; fronte spinis duabus complanatis, truncatis, divergentibus; carpis glabris; pedibus nodulosis. N.

Darluc dans le troisième volume de son *Histoire naturelle de la Provence*, fait mention de ce crustacé, qui présente beaucoup d'analogie avec l'espèce précédente. Son têt est pentagone, relevé

en bosse, constamment coloré d'un beau jaune sa-
fran. Son front est un peu avancé et le prolongement aplati qui le termine se sépare en deux pointes
au sommet. Ses antennes extérieures sont assez dé-
veloppées ; ses pinces sont longues, épaisses, lisses,
et renflées ; ses pattes sont grêles. La femelle de
cette espèce m'est inconnue.

*Dimens. long. 0,046 larg. 0,022. Séjour; dans les ro-
chers profonds.*

9. M. Lunulée. N. *M. Lunulata. N.*
Planche. 1 . fig. 4.

*M. Testa ovato subquadrata, glaberrima, testacea ; fronte
spinis duobus brevibus, lunulatis. N.*

Le front terminé par deux pointes très-courtes,
disposées en croissant, forme un des caractères les
plus remarquables de cette nouvelle espèce. Son têt
est ovale, presque quarré, bombé, glâbre, jaunâtre.
Ses bords latéraux sont garnis de chaque côté de
trois aiguillons, et entourés de faisceaux de poils.
Les deux premiers articles des antennes extérieures
sont aussi longs que le reste. Les pinces sont courtes,
presques arrondies, parsemées de poils avec de petites dents crochues. La première paire de pattes est
longue, les trois dernières sont plus courtes et elles
sont bordées à leur extrémité par de petites pointes
qui font paroître leurs articulations dentelées. La
femelle pond de très-petits œufs jaunâtres au printemps.

*Dimens. long. 0,012 larg. 0,009. Séjour; dans les fucus
du rivage.*

TROISIEME FAMILLE.
PAGURIENS.

I.

Mains adactyles.

G. XII. HIPPE. *Hippa.* Fabr.

Corcelet ovale oblong; queue munie d'appendices en nageoires.

ESPÈCE.

1. H. BLEU. N. *H. Cærulea.* N.

*H. Testa oblonga, lutescente, in medio cærulea; cauda
articulo ultimo uncinato. N.*

Il n'est point d'espèces de paguriens sur lesquelles
un certain luxe de couleur ne se fasse plus ou moins
remarquer. Cette hippe diffère de celles qui sont
connues, par la forme alongée de son corps, par sa
couleur jaunâtre sur son pourtour, et d'un beau
bleu d'outre-mer au milieu. Son têt est ovale,
oblong, échancré sur le devant. Les yeux sont
placés sur des pédicules courts. Les antennes extérieures sont grosses, les intérieures courtes. La bouche est entourée de petits palpes soyeux. L'abdomen est glâbre. La première paire de pattes a ses
articles un peu plus larges que ceux des autres pai-

res, lesquelles sont dépourvues de crochets. Les écailles natatoires qui sont au bout de la queue sont terminées par une pointe recourbée en-dessous. La femelle m'est inconnue.

A mesure que les naturalistes français soumettent à l'observation les êtres qui vivent autour d'eux, on voit s'accroître le nombre des espèces des divers genres que la nature sembloit avoir rélégués dans les contrées les plus reculées de l'Europe. La hippe que j'ai trouvée dans nos mers ne vit point en parasite sur les huîtres de nos rochers, mais elle se cache seulement dans les trous extérieurs de ces bivalves. Ayant mis plusieurs fois des hippes à la surface de l'eau, j'observai qu'elles descendoient promptement au fond, et qu'aussitôt qu'elles touchoient la coquille, elles la parcouroient en tout sens avec une vélocité extraordinaire. Quand je les irritois avec une paille, loin de s'échapper, elles venoient au contraire audevant, l'entouroient de leurs bras, et la pressoient fortement. Actifs, voraces et courageux, ces petits crustacés conservent toutes ces qualités, même quand il y a long-temps qu'ils ont été retirés de leur élément.

Dimens. long. 0,012 *larg.* 0,004. *Séjour; dans les interstices des huîtres.*

G. XIII. Ancée. N. *Anceus.* N.

Corcelet carré; mandibules très-longues, falciformes, dentelées; queue munie de trois lames natatoires. N.

ESPÈCE.

1. A. Forficulaire. N. *A. Forficularius.* N.

Planch. 2, fig. 10.

Le corps de cette espèce est alongé, déprimé ; blanchâtre. Son têt est quarré, et tronqué sur le devant, sinueux au milieu avec une petite pointe émoussée. Les yeux sont presque sessiles, et en réseaux. Les antennes extérieures sont longues, à derniers articles déliés en soie. Les intérieures sont grosses et poilues. La bouche est armée de deux espèces de mandibules, très-longues, solides, en forme de faulx, dentelées sur le côté intérieur, et terminées par une pointe. Les palpes sont en forme de cuillerons, et poilus. L'abdomen est presqu'a-plati, formé de cinq segmens, dont les deux premiers sont très-larges, sillonés et soudés ensemble. Les trois premières paires de pattes sont courtes, situées en devant ; les deux dernières placées sur le dernier segment sont dirigées en arrière. La queue est composée de quatre pièces transversales ; elle est terminée à son extrémité par trois lames natatoires, dont celle du milieu est la plus aiguë.

Ce nouveau genre que j'ai cru devoir placer dans la subdivision des paguriens à mains adactyles, s'é-loigne des hippes, non-seulement par la différence des caractères que je viens d'exposer, mais encore par l'instinct, et les habitudes de l'espèce qu'il renferme. Cet animal se tient dans la région des coraux, où il se cache dans les interstices des ma-

drépores de notre côte. Sa natation est assez vive·
Les forts organes de manducation dont il est pourvu
doivent lui donner des mœurs particulières que les
circonstances n'ont pas encore soumises à mes observations.

Dimens. long. 0,006 *larg.* 0,002. *Séjour; dans les profondeurs de la mer.*

I I.
Mains didactyles.

G. XIV. PAGURE. *Pagurus*. Fabr.

Corcelet oblong; queue molle, nue, garnie
de crochets à son extrémité; pinces à deux
doigts très-distincts. Animal vivant dans
des coquilles univalves.

Un des genres de la classe des crustacés les plus
naturels, et les plus faciles à reconnoître, c'est celui
des pagures. La singulière construction de leur
queue, qui par sa forme et sa consistance paroît
avoir beaucoup d'analogie avec celle de quelques
mollusques céphalés, les force de se cramponner au
fond des alcyons, aux cavités des éponges, où à la
base de la spire de coquilles univalves qu'ils traînent
après eux. Toutes les espèces qui habitent nos rivages, font deux ou trois pontes dans l'année. Les femelles portent leurs œufs sur un de leurs côtés, et
s'approchent toujours des bords où la mer accu-

mule les détritus des petites coquilles vides, pour,
qu'aussitôt nés, leurs petits puissent choisir un gîte
convenable. Après leur premier accroissement, ils
s'emparent des columbelles, des toupies, des sa-
bots, et même des bulimes d'eau douce qui ont été
entraînés dans la mer ; ensuite des buccins, des cé-
rithes, des rochers, et ils changent de demeure à
mesure qu'ils augmentent en dimension.

Ces pagures, soit qu'ils se promènent sur les rochers hors de l'eau, où qu'ils se traînent dans ce
fluide, ont leurs palpes et leurs antennes dans un
perpétuel mouvement. Aussitôt qu'on veut les saisir, ils se retirent de suite dans leur retraite, et se
laissent tomber au fond de l'eau. La plupart de ces
animaux vivent en société, et quand ils approchent
des corps morts, ils s'entassent les uns sur les autres pour s'en disputer les lambeaux; leur chair
n'est d'aucun usage ; les pêcheurs s'en servent quelquefois comme appat.

ESPÈCES.

1. P. Strié. Latr. *P. Striatus.* Latr.

*P. Brachiis pedibusque transverse irregulariter striatis ;
brachio sinistro majore ; digitis brevibus, intus obtuse
dentatis.* Latr. Hist. nat. des Crust. et des Ins. t. 6,
p. 163. N. 7. Bosc., Hist. nat. des Crust. t. 11, p. 77.
pl. 11, fig. 3.

On reconnoîtra toujours cette espèce à son corps
oblong, lisse, d'un rouge carmin, passant par des

nuances insensibles au jaune pâle. Le corcelet est presque quadrangulaire, alongé, un peu sinueux, couvert de poils sur ses bords. Les yeux sont pédiculés, d'un beau vert. Le premier article des antennes extérieures est poilu, et garni à sa base d'un long appendice dentelé. Les pinces sont grandes, à cinq articulations épineuses, composées de feuillets, ou plaques superposées, striées, pubescentes d'un côté, couvertes de pointes biépineuses de l'autre; la pince gauche est plus longue et plus grosse que la droite. L'abdomen est d'un rouge pâle, terminé par cinq gros crochets ciliés. La femelle se distingue du mâle, en ce qu'elle porte de petits œufs pointillés de jaune, en juin et juillet.

Dimens. long. 0,160 *larg.* 0,036. *Séjour; dans le rocher Trompette.* (*Murex tritonis*).

2. P. BERNARD. Latr. *P. Bernardus.* Fabr.

P. Brachiis pilosis, muricatis, dextro majore; manibus subcordatis, digitis latis; antenarum exteriorum pedunculo appendice elongato. LATR. Gen. Crust. et Ins. t. 1, p. 46, sp. 1. FABR. Suppl. ent. syst. p. 411. N. 3. HERBST. C. t. 22, fig. 6. ROND., l. 18, c. 11, p. 390.

Cette espèce a été connue par les plus anciens naturalistes. Son corps est alongé, glâbre, varié de rouge, de violet, et de grisâtre. Le corcelet est un peu pubescent. Les yeux sont bleuâtres, placés sur d'assez longs pédicules. Le premier article des antennes extérieures est garni à sa base d'un long appendice uni. Les pinces sont cordiformes, applaties.

à cinq articulations épineuses; la droite plus longue
et plus grosse que la gauche. Les pattes sont comprimées, un peu scabreuses et couvertes de poils
roussâtres. La femelle diffère peu du mâle par ses
couleurs.

Dimens. long. 0,025 *larg.* 0,008. *Séjour; dans le rocher Gyrin.* (*Murex gyrinus*).

3. P. Oculé. P. *Oculatus.*

*P. Cancer oculatus; chelis muricatis æqualibus; oculo-
rum pedunculis longitudine thoracis.* Lin. Syst. nat.
ed. 13, p. 2984. N. 146 Fabr. Sp. Ins., p. 507. N. 5.
Herbst., tab. 23, fig. 4.

Les longs pédicules qui supportent les yeux
suffiront toujours pour faire distinguer ce pagure
de tous ceux qui habitent nos bords. Son corps est
presque cylindrique, varié de fauve et de brunâtre.
Le corcelet est lisse, alongé. Les yeux sont noirs, et
leurs pédicules sont jaunâtres. Les pinces sont muri-
quées, à cinq articulations; la droite parfaitement
égale à la gauche. Les pattes sont applaties, parsemées de quelques poils. La femelle établit son gîte
dans les trous de l'éponge commune.

Dimens. long. 0,026 *larg.* 5. *Séjour; dans le rocher
Brandaire.* (*Murex brandaris*).

4. P. Tubulaire. *P. Tubularis.* Fabr.

Cancer tubularis subcylindricus; testa punctis excavatis.
Lin. Syst. nat. ed. 13, p. 2983. N. 60. Fabr. Suppl.
ent. syst., p. 413. N. 11.

La courte définition que les auteurs donnent du

pagure tubulaire , convient parfaitement à cette espèce qui habite nos côtes. Son corps est presque cylindrique, varié de jaune, de bleu et de verdâtre. Le corcelet est un peu strié , couvert de petits points enfoncés. Les yeux sont bleus, placés sur de longs pédicules rougeâtres. Le premier article des antennes extérieures est garni d'une pointe à sa base. Les pinces sont courtes , rudes , pointillées de bleu, avec des poils roussâtres. Ses pattes sont applaties et très-longues. L'abdomen est marbré de bleu , de vert et de noirâtre ; il se termine par cinq crochets d'un jaune pâle. La femelle a des teintes plus claires que celles du mâle ; elle dépose ses œufs au printemps.

Dimens. long. 0,034 *larg.* 0,004. *Séjour ; dans le ceri-the* Goumier. (*Cerithium vulgatum*).

5. P. DIOGÈNE. *P. Diogenes.*

P. *Cancer Diogenes ; chelis lævibus pubescentibus ; sinistra majore.* LIN. Syst. nat. ed. 13, p. 2983. N. 58. FABR. Suppl. ent. syst. p. 412. N. 5. HERBST., t. 22, fig. 5.

Le diogène a le corps alongé. Son corcelet est large , lisse, d'un gris verdâtre mêlé de bleu et de rouge pâle. Ses bords latéraux sont garnis de cinq petites pointes en forme de scie de chaque côté. Ses yeux sont noirs, placés sur des pédicules jaunes. Les pinces sont pubescentes , d'un gris verdâtre ; la gauche plus grosse et plus épaisse que la droite. Les pattes sont aplaties ; l'abdomen est grêle, lisse, jaunâtre, terminé par trois crochets poilus.

Dimens. long. 0,022 *larg.* 0,005. *Séjour ; dans le ceri-the.* Goumier. (*Cerithium vulgatum*).

6. P. ANGULEUX. N. *P. Angulatus.* N.

Planche I, fig. 8.

P. Brachiis carinatis, dextro majore. N.

Ce pagure diffère des précédens par ses pinces, qui sont relevées en carène. Son corcelet est presque carré, d'un beau rouge carmin, garni de poils sur les côtés. Les antennes extérieures sont longues, et portées par un pédicule armé de deux pointes inégales. Sa pince droite est toujours plus grosse que celle du côté gauche ; toutes les deux ont leur troisième et quatrième articles couverts d'un duvet et de petites pointes ; le cinquième est glabre, traversé longitudinalement par trois lignes relevées, qui le rendent anguleux. Ses pattes sont applaties ; celles de devant sont munies d'une petite rangée d'épines en-dessus. L'abdomen est oblong, et terminé par cinq crochets inégaux. Cette espèce est assez rare sur nos côtés.

Dimens. long. 0,100 *larg.* 0,020. *Séjour ; dans le rocher écailleux.* (*Murex squamiger*).

QUATRIEME FAMILLE.
LANGOUSTINES.

I.

Toutes les pattes presque terminées de même et à tarses coniques.

G. XV. Scyllare. *Scyllarus.* Fabr.

Antennes extérieures courtes, larges, en forme de crête; yeux séparés. Latr.

Les scyllares, quoique peu nombreux en espèces, ne sont pas exempts de confusion dans leur synonymie. Ces animaux sont assez communs dans nos mers, et ne se plaisent le plus souvent que dans les terrains argileux à demi noyés, où ils creusent des tanières un peu obliques, de la grandeur de leur corps, pour y établir leur demeure. Quand ils sortent pour aller à la recherche de leur nourriture, ils préfèrent de parcourir les endroits où règne plus de calme dans les eaux, et ils y restent même pendant le jour, en se cachant sous les pierres. La natation de ces crustacés s'exécute par bonds; elle est aussi bruyante que celle des palinures. Les scyllares s'approchent, pendant la saison de leurs amours, des endroits tapissés d'ul-

ves et de fucus. Il paroît que les femelles n'abandonnent leurs œufs qu'après qu'ils sont développés. Sous le point de vue d'utilité économique, le
scyllare oriental est celui dont la chair égale, par
sa bonté, celle des meilleurs crustacés de la Méditerranée. L'espèce a qui j'ai donné le nom de cigale , avoit déjà été citée par Rondelet.

ESPÈCES.

1. S. ORIENTAL. Latr. *S. Orientalis.* Latr.

S. Scaber; carina dorsali ; angulis anticis oculiferis, anten-
narum squamis ciliatis, spinosis. LATR. Hist. nat. des
Crust. et des Ins. t. 6, p. 181. N. 3. ROND., l. 18,
c. V, p. 391.

Le corps de ce scyllare est raboteux , d'un rouge
jaunâtre, et parsemé de poils roux ; son corcelet
est quadrangulaire, oblong, dentelé sur les côtés.
Les antennes extérieures sont de plusieurs pièces;
l'inférieure est triangulaire et dentée ; l'intérieure
biépineuse , et la supérieure dentée et en forme de
cœur renversé. Les antennes intérieures , d'une couleur d'améthyste, sont bifurquées au sommet. Les
pinces sont épaisses, à troisième et quatrième articles
aiguillonnés en dessus. Les pattes sont anguleuses,
d'un beau bleu. L'abdomen a six segmens. Les écailles natatoires sont striées et les supérieures sont placées sur une plaque solide tuberculée. La femelle est
un peu plus large que le mâle. Cette espèce me paroît

différer un peu de celle que renferme le Muséum d'histoire naturelle, et qui porte le même nom.

Dimens. long. 0,300 larg. 0,150. Séjour ; dans les profondeurs de la mer.

2. S. Ours. Latr. *S. Arctus.* Fabr.

S. Testa antice quinque fariam aculeata. Fabr. Suppl. ent. syst. p. 398. N. 1. Latr. Hist. nat. des Crust. et des Ins. t. 6, p. 130. N. 1.

Cette espèce a le corps rugueux, d'un brun obscur, varié de nuances bleuâtres. Le corcelet est quadrangulaire et garni de cinq rangées d'épines inégales, dont les antérieures sont les plus longues. Le front est denté ; la pièce latérale des antennes extérieures est bidentée d'un côté, quadridentée de l'autre et pointue au sommet ; l'intérieure est biépineuse, et la supérieure a sept dents. Les pinces sont courtes et renflées. Les pattes sont applaties et annelées de jaune et de violet. L'abdomen est tacheté de rouge au milieu : ses écailles natatoires sont striées. La femelle est toujours plus grosse que le mâle.

Dimens. long. 0,120 larg. 0,030. Séjour ; dans les algues du rivage.

3. S. Cigale. N. *S. Cicada.* N.

S. Testa lævi, rubra ; antennis exterioribus quinquedentatis. N. Rond., p. 393, c. VI.

La Cigale se distingue de l'espèce précédente par

son corps lisse d'un rouge de corail. Le corcelet est traversé par trois rangées de pointes obtuses. Le front est uni. La première pièce des antennes extérieures est lisse d'un côté et dentée de l'autre ; l'intérieure n'a qu'une seule pointe, et la supérieure a cinq dents. Les pinces sont renflées, les pattes arrondies ; l'écaille natatoire du milieu est très-courte. La femelle est pleine d'œufs d'un rouge vif au printemps.

Dimens. long. 0,060 *larg.* 0,018. *Séjour ; dans les rochers du littoral.*

VAR. A. Je place à la suite de cette espèce, la description d'un scyllare dont les caractères ont beaucoup d'analogie avec ceux de cette même espèce ; je serois même tenté de l'en séparer. Son corps est déprimé, pubescent, d'un beau jaune doré. Le corcelet est garni de trois rangées de proéminences arrondies. La pièce supérieure des antennes extérieures est quadridentée. Les pinces sont courtes, les pattes petites, les écailles natatoires jaunes, les latérales situées sur une plaque bifide et dentée.

Dimens. long. 0,046 *larg.* 0,015. *Séjour ; dans les algues.*

G. XVI. PALINURE. *Palinurus.* Fabr.

Antennes extérieures très-longues, et sétacées ; yeux portés sur un pédicule commun. LATR.

Les anciens naturalistes ont fait mention des palinures, et les modernes les ont décrits d'une manière plus propre et plus facile à les faire distinguer. Aux traits historiques que l'on a recueillis sur l'espèce la plus commune de la Méditerranée, on peut ajouter que le mâle diffère de la femelle par la petitesse des appendices du ventre, et par les tubercules charnus et labiés qu'ils ont à la base inférieure de la dernière paire de pattes, lesquels ne sont autre chose que les organes de la génération. Les ovaires de la femelle sont situés sous le têt ; à mesure qu'ils grossissent, ils deviennent d'un rouge de corail, et descendent, le long du ventre, en sortant par l'anus. C'est en avril et août que les mâles vont à la recherche des femelles. Aussitôt qu'ils les rencontrent, ils se jettent dessus, s'accouplent face contre face, et se pressent si fortement avec leurs pattes, qu'on a de la peine à les séparer, même étant hors de l'eau. Sur nos côtes, on pêche la langouste aux nasses. A cet effet, on met, dans des cages d'osier, des pattes de poulpes brûlées avec de petits poissons des crabes, etc. ; on les descend pendant la nuit dans les endroits rocailleux, de cinquante à deux cents mètres de profondeur, et on prend le matin les langoustes qui sont dedans. La quantité immense de ces homardiens de toute grandeur, qu'on pêche pendant toute l'année sur nos bords, sembleroit devoir en détruire l'espèce, si sa fécondité ne correspondoit à la consommation qu'on en fait sur cette partie de la Méditerranée. Les langoustes parviennent dans nos mers jusqu'au poids de sept kilogrammes. Les pêcheurs sont persuadés qu'elles ont plus de chair pendant les pleines lunes que dans tout autre temps.

ESPÈCES.

1. P. Langouste. Latr. *P. Vulgaris.* Latr.

P. Spinis superocularibus subtus dentatis; segmentis abdominis sulco transverso, medio interrupto. Latr. Gen. Crust. et Ins. t. 1, p. 48. sp. 1. Herbst., t. 31, fig. 1. Fabr. Ent. syst. p. 400. N. 1.

Cette espèce, extrèmement abondante sur notre côte, a le corps alongé, d'un rouge de laque varié de jaune. Le corcelet est hérissé de pointes et couvert de poils fauves. Les bords latéraux sont rudes. Le front a huit épines et est terminé de chaque côté par un long aiguillon. Les pinces sont courtes, renflées, à premier article glâbre; le second, tridenté en-dessous; les autres épineux. Les pattes sont arrondies. L'abdomen est composé de six segmens sillonés, ayant chacun une pointe bidentée sur leurs bords. Les écailles de la queue sont rougeâtres, et ciliées. La femelle a son ventre recouvert de larges feuillets avec lesquels elle retient ses œufs, qu'elle dépose en avril et août.

Dimens. long. 0,300 larg. 0,050. Séjour; dans les rochers profonds.

2. P. Fascié, Latr. *P. Fasciatus.* Fabr.

P. Virescens ; abdominis segmentis fascia postica alba.
Latr. Hist. nat. des Crust. et des Ins. t. 6, p. 195.
N. 3. Fabr. Ent. syst. p. 400. N. 3. Herbst., t. 52.

Tous les caractères que les auteurs attribuent à
la langouste fasciée, qu'on prend dans les mers des
Indes, se retrouvent dans des palinures qui vivent
sur nos bords : malgré ces ressemblances, il est
douteux que les unes et les autres appartiennent
à une seule espèce. Notre Langouste a le corps coloré de vert, de blanc et de rougeâtre. Son corcelet
est garni de pointes verdâtres avec des poils rudes :
ses bords latéraux ont des épines blanches sur le
devant. Son front est surmonté de six pointes. Ses
pinces sont triangulaires, garnies d'une série de
pointes sur l'angle supérieur, et de quelques épines
isolées en dessous : elles sont presque aussi longues
que les pattes qui sont blanches, lisses, parsemées
de poils. L'abdomen est fascié de blanc ; ses segmens
sont garnis de pointes tridentées sur leurs bords.
Ses écailles natatoires sont blanches, granulées ou
scabreuses.

Dimens. long. 0,225 *larg.* 0,050. *Séjour; dans les rochers profonds.*

II.

Les deux pattes antérieures en forme de bras, terminées par une main didac·tyle.

G. XVII. PORCELLANE. *Porcellana.*

Têt presque carré, premier article de la divi·sion interne des palpes extérieurs dilaté au côté interne. LATR.

Les porcellanes, dont deux espèces ont été fi-gurées par Rondelet, sous le nom de cancre velu, sont toutes de la Méditerranée. On ne connoissoit point encore leurs habitudes, lorsque je les ai trou-vées sous les pierres du rivage, et fuyant toujours la lumière. Foibles et timides, elles restent pendant le jour dans une immobilité parfaite, et si on les poursuit, elles se traînent plutôt qu'elles ne mar-chent sur les cailloux, d'où elles ne sortent que pendant la nuit pour chercher leur nourriture. Les femelles déposent leurs œufs dans le sable grave-leux baigné par les flots. L'espèce à laquelle je donne le nom de mon ami M. Blutel, naturaliste, et surtout entomologiste distingué, paroît avoir quel-ques rapports avec la porcellane galathine des mers des Antilles, décrite par M. Bosc. Celle que je nomme longue patte, n'avoit encore été mentionnée dans aucun ouvrage.

1. P. LARGE PINCE. Latr. *P. Platycheles* Latr.

P. Testâ margine antico dentibus tribus integris; chelis maximis; carpis interne denticulatis; manibus extus ciliatis. LATR. Gen. Crust. et Ins. t. 1, p. 49, sp. 1. HERBST., Canc., t. 2, fig. 26.

Cette espèce qu'on trouve dans toutes les mers, a le têt presque carré, scabreux; d'un rouge lavé, nuancé de verdâtre : ses bords latéraux sont lisses. Le front est terminé par trois pointes; la base des antennes extérieures est renflée. Les pinces sont larges, granuleuses, et ont leurs trois premiers articles dentés en dedans; les autres sont ciliés, poilus sur leurs bords extérieurs. Les pattes sont courtes, presque applaties, parsemées de poils. La femelle est pleine d'œufs rougeâtres, au printemps.

Dimens. long. 0,010 *larg.* 0,009. *Séjour; dans les sables et galets.*

2. P. BLUTEL. N. *P. Bluteli.* N.

Planche 1, fig. 7.

P. Testâ margine antico septemdentato; chelis spinosis, granulatis. N.

Le têt de cette nouvelle espèce est ovale, arrondi, presque applati; marqué au milieu de lignes d'un

vert brunâtre mélangé de bleu et de poils blancs :
ses bords latéraux sont hérissés, de chaque côté, de
six pointes aiguës. Le front est saillant, arrondi,
garni de sept petites épines. Les trois premiers articles des antennes extérieures sont renflés. Les pinces sont minces, presque déprimées, granuleuses,
hérissées de chaque côté de pointes aiguës. Les
pattes sont courtes, parsemées de poils et ornées
d'une rangée d'épines en dessus. La femelle diffère
peu du mâle.

Dimens. long. 0,007 *larg.* 0,008. *Séjour; dans les
pierres du rivage.*

3. P. Longue patte. N. *P. Longimana.* N.

P. *Testa margine antico octodentato ; chelis maximis ,
elongatis, glaberrimis.* **N.**

Parmi les figures que Rondelet donna des can-
cres velus, on en trouve une de cette espèce que les
naturalistes, faute de caractères suffisans , ont laissée
depuis dans l'oubli. Le têt de cette porcellane est
arrondi , applati et lisse, d'un noir brunâtre luisant.
Ses bords latéraux présentent de chaque côté trois
pointes aiguës. Le front est saillant, divisé en trois
parties; celle du milieu est arrondie , garnie de
huit longues pointes ; les latérales sont relevées et
munies de petites épines. Les deux premiers articles
des antennes extérieures sont renflés , et supportent
chacun deux aiguillons. Les pinces sont fort longues,
larges, uni et d'un noir de jayet. Le second article

est bidenté en dedans ; les autres sont glâbres. Les pattes sont courtes, déprimées, épineuses sur un de leurs bords. La femelle est parfaitement semblable au mâle.

Diment. long. 0,007 *larg.* 0,007. *Séjour ; dans les gallets du litoral.*

G. XVIII. GALATHÉE. *Galathea.*

Têt ovoïde ; premier article de la division des palpes extérieurs, point dilaté au côté interne. LATR.

Les galathées sont, de tous les homardiens, les plus faciles à reconnoître à cause de leur têt oblong, presque carré, strié en travers, très-peu convexe ; de leur queue large, courte et bombée ; enfin, de leurs pinces longues, rudes et applaties. On n'a, jusqu'àprésent, que très-peu de renseignemens sur les mœurs et habitudes de ces animaux, à cause de la difficulté qu'il y a de les bien observer. Leur natation est vive ; ils restent pour l'ordinaire dans le repos pendant le jour, et ne sortent qu'au commencement de la nuit. L'espèce que je décris pour la première fois, sous le nom de glâbre, est la moins riche en couleurs, et a les plus petites dimensions. Ces crustacés sont très-bons à manger, et l'on en pêche presque toute l'année sur nos rivages.

Les galathées ne sont pas les seuls crustacés que
j'aie trouvés réduits à l'état fossile, dans les divers
systèmes de terrains de nos environs. La formation
argillo-calcaire de Saint - Etienne renferme également des pattes de crabes. Au château de Nice,
dans le terrain de transition, j'ai trouvé des pinces
du homard marin et des débris de têts de langoustes: et, au dépôt sablonneux de Grosueil, près de
Ville-Franche, j'ai ramassé divers fragmens du
crabe front épineux, du pagure Bernard, et des
maïa squinado, analogues a ceux qui vivent actuel-
lement dans nos mers (1).

ESPÈCES,

1. G. Rugueuse. Latr. *G. Rugosa.* Fabr.

G. *Testa rugosa, antice ciliata spinosa; rostro tridentato; manibus filiformibus.* Latr. Hist. nat. des Crust.
et des Ins. t. 6, p. 198. N. 2. Fabr. Suppl. ent. syst.
p. 415. N. 2. Rond., l. 18, p. 390.

Les pinces extrêmement longues et effilées donnent le caractère le plus frappant de cette galathée. Son corps est d'un rouge aurore varié de taches et de traits bleus violets. Le corcelet est relevé, presque quadrangulaire, formé de quinze
plaques écailleuses transversales, ciliées. Ses bords

---

(1) Observations géologiques sur la presqu'île de Saint-Hos-
pice, aux environs de Nice. Journ des Mines. N. 200. août 1813.

latéraux ont chacun six épines, et il se termine en devant par trois longues pointes inégales. Le front est avancé, triangulaire, poilu et armé de sept aiguillons placés en pyramides. Le premier article des antennes extérieures est renflé et épineux. Les intérieures ont chacune trois articles placés sur un prolongement garni de trois pointes. Les pinces sont plus longues que le corps, et armées d'aiguillons crochus; elles sont terminées par des dents poilues. Les pattes sont courtes, épineuses. L'abdomen est composé de six segmens, traversés de lignes violettes. Les écailles natatoires sont courtes, et l'intermédiaire est divisée en deux au milieu. La femelle est presque semblable au mâle.

Dimens. long. o,096 *larg.* o,o35. *Séjour; dans les rochers profonds.*

2. G. STRIÉE. Latr. *G. Strigosa.* Fabr.

G. Testa antrorsum rugosa, spinis ciliata; rostro acuto, septemdentato. LATR. Gen. Crust. et Ins. t. 1, p. 49. sp. 1, FABR. Ent. syst. p. 471. ROND., p. 388. HERBST., t. 26, fig. 2.

Cette galathée est celle qu'on rencontre le plus fréquemment dans nos mers. Son corps est d'un rouge foncé, varié de lignes et de poils rousseâtres. Le corcelet est peu relevé, garni de quelques pointes vers le sommet : ses bords latéraux sont hérissés de six épines de chaque côté. Le front est terminé par un rostre à sept aiguillons. Les trois premiers articles des antennes extérieures sont renflés et épineux. Les pinces, de la longueur du corps, sont larges, applaties, épineuses, garnies de poils. Les pattes sont un peu déprimées. L'abdomen est composé de six segmens ciliés transversalement. Les écailles natatoires sont grandes, arrondies; celle du milieu est bifide. La femelle ne diffère du mâle que par les larges appendices de son ventre.

Dimens. long. 0,090 *larg.* 0,030. *Séjour; dans les algues profondes.*

3. G. Glabre. N. *G. Glabra.* N.

G. Thorace lævigato; rostro quinquedentato. N.

Les caractères de cette nouvelle espèce sont tirés de la forme du corps qui est allongé et grêle. Sa couleur est un brun verdâtre. Son corcelet est glâbre, un peu applati, presque quadrangulaire, formé de petites plaques ciliées transversalement. Ses bords latéraux sont garnis de cinq petites épines. Le front est terminé par cinq longues pointes. Le premier article des antennes extérieures est renflé. Les pinces sont moins longues que le corps, applaties, tuberculeuses; leur troisième et quatrième articles sont épineux en dedans. Les pattes sont petites, lisses et pointues. L'abdomen est composé de six segmens glâbres. Les écailles natatoires sont arrondies. Celle du milieu seulement est festonnée. La femelle est plus brune que le mâle.

Dimens. long. 0,060 *larg.* 0,012. *Séjour; dans les algues du rivage.*

4. G. Antique. N. *G. Antiqua.* N.

Ce crustacé que j'ai trouvé dans des excavations faites dans les environs de Nice, a le têt bombé, garni en dessus de neuf plaques transversales, lesquelles se trouvent relevées sur leurs bords inférieurs, par une ligne saillante. Sa couleur est d'un jaune ochracé ; on ne voit point de pattes, mais on distingue la place où elles étoient attachées. L'abdomen est un peu renflé.

Dimens. long. 0,050 *larg.* 0,030. *Séjour ; dans un sol calcaire argileux.*

CINQUIÈME FAMILLE.

HOMARDIENS.

I.

Antennes intérieures terminées par deux filets.

A.

Antennes insérées sur la même ligne.

G. XIX. Calypso. N. *Calypso*. N.

La première paire de pattes didactyles,

ESPÈCE.

1. C. Dangereuse. N. *C. Periculosa*. N.

Planche 3, fig. 1.

Les caractères qu'offre ce crustacé, m'engagent à en constituer un nouveau genre. Son corps est oblong, renflé, d'un brun rouge varié de petites bandes d'un beau bleu céleste. Le corcelet est arrondi, bombé, formé de plaques transversales, placées comme en recouvrement; il est aiguillonné sur son pourtour, et terminé sur le devant par un long rostre, dentelé de chaque côté.

Ses yeux sont d'un brun rougeâtre, situés sur de très-courts pédicules. Les antennes intérieures sont courtes, bifides ; les extérieures sont épaisses, et assez longues, à premier article renflé. Les palpes sont presque applatis et ciliés. Les pattes de la première paire sont longues, grosses, épineuses sur leurs bords, et terminées par des pinces égales. Les autres pattes sont courtes, garnies d'ongles crochus. L'abdomen est composé de six segmens arrondis, traversés par des lignes bleuâtres. Les écailles natatoires sont courtes, étalées et arrondies. La femelle porte des œufs rouges.

La forme de la première paire de pattes de ce crustacé, et le long rostre dont son front est armé, me fournissent les caractères que j'emploie pour établir ce nouveau genre. On ne connoît jusqu'à présent qu'une seule espèce de calypso, qui vit dans la mer Méditerranée, laquelle a été mentionnée par le célèbre Rondelet, l. 22, c. 3, p. 5892, sous le nom de petite écrevisse de mer, ou de petit homard. Reléguée à cinq ou six mètres de profondeur, la Calypso vit seule et solitaire dans les antres rocailleux, et ne sort que fort rarement du gîte qu'elle a choisi ; aussi on ne peut s'en procurer que très-difficilement, et quand on la prend, les pêcheurs la jettent encore dans l'eau, parce qu'ils assurent que sa chair répand une forte odeur de punaise, et cause, si on la mange, des aigreurs d'estomac. Le nom de *taran-*

tula qu'on lui donne , lui vient de ce que l'on croit que les blessures qu'elle peut faire avec la pointe qui termine son front, sont vénimeuses. On se procure cette espèce en ouvrant l'estomac des poissons pélagiens qu'on pêche en août dans notre mer.

Dimens. long. 0,050 *larg.* 0,024. *Séjour ; dans les trous des rochers profonds.*

G. XX. THALASSINE. Latr. *Thalassina.* Latr.

Les deux premières paires de pattes didactyles. LATR.

ESPÈCE.

1. T. RIVERAIN. N. *T. Littoralis.* N.

Planche 3, fig. 2.

T. Corpore glabro, lateribus sinuolatis; rostro conico piloso. N.

Ce crustacé est facile à reconnoître à son corps oblong , d'un verd sale luisant. Le corcelet est uni, rougeâtre , sillonné sur ses bords , et terminé sur le devant par un rostre conique, applati, couvert de petits faisceaux de poils rudes. Ses yeux sont noirs, situés sur des pédicules courts et renflés. Les antennes intérieures sont petites, profondément bi-fides. Les deux extérieures sont longues et poilues à

leur base. Les deux premières paires de pattes sont
terminées par des aiguillons crochus dont l'inférieur
est fort court. Les autres paires sont inégales, comprimées et poilues. L'abdomen est composé de six
segmens bombés et presque striés. Les écailles caudales sont ovales, ciliées, et présentent chacune
deux nervures longitudinales; elles sont adhérentes à une large plaque solide. La femelle est
pleine d'œufs verdâtres, en juin et juillet.

V ar. A. J'ai trouvé sur la plage de Nice une très-
belle thalassine d'un rouge carmin plus ou moins
foncé, avec l'abdomen d'un blanc nacré.

Les thalassines ne peuvent être compris dans aucun des genres de cette division. Elles diffèrent des
calypso par la forme de leur corps et la consistance de leur tèt; des galathées, par la forme alongée et applatie de leur rostre, et la structure de
leurs palpes; des écrevisses, par la forme du corcelet, et la situation de leurs écailles caudales.
Elles s'éloignent enfin de toutes, parce que les deux
premières paires des pattes sont didactyles. L'organisation particulière de ces crustacés leur donne
des habitudes tout-à-fait différentes de celles des trois
genres que je viens de citer: ordinairement elles
choisissent des terrains argileux calcaires, où elles
se creusent, avec leurs pattes, de petits trous ronds
très-profonds, du diamètre de leur corps, qu'elles
élargissent en augmentant de diamètre. Elles s'y
tapissent, et n'en sortent que pendant la nuit, pour

aller chercher leur nourriture. Si le jour les sur-
prend, elles restent tranquilles sous les pierres du
rivage ou à l'abri des fucus. Aussitôt qu'on les approche, elles sautent avec dextérité, et se mettent
à nager en repliant leur queue et la jetant avec force
en arrière, de manière que leur natation ne semble s'effectuer que par gambades. L'espèce qui vit
sur nos bords, préfère les endroits où la mer est toujours calme et tranquille. Quand les vagues agitées
par de gros vents, viennent boucher l'ouverture de
leur retraite, elles en sortent avec frayeur, et sont
alors rejetées sur le rivage. Ces animaux se nourrissent de neréides d'aréuicoles. Elles ne dédaignent
point non plus les moules et les venus dont elles
ouvrent les valves, au moyen de leurs pinces,
avec beaucoup d'adresse. Leur chair est recher-
chée par les pêcheurs, comme un appat des plus
fins et des plus exquis pour prendre les poissons
à la ligue.

Dimens. long. o,o5o *larg.* o,o1o. *Séjour ; sur les
banes d'argille du littoral.*

G. XXI. Écrevisse. *Astacus*. Fabr.

Les trois premières paires de pattes didactyles.
Latr.

Les écrevisses ont de tout temps été le sujet des
observations des naturalistes; et, de tous les crus-

tacés, ce sont ceux dont l'histoire est la plus avancée. Sans rien ajouter aux notions que l'on possède sur leurs mœurs, je dirai simplement que le homard parvient dans nos mers au poids de six à sept kilogrammes, et que l'écrevisse de nos rivières ne va jamais au-delà d'un hectogramme : que le premier habite les profondeurs de trois à six cens mètres de profondeur, et se nourrit de poissons et de coquillages, et que la seconde court le long de la rivière de Taggia, à la recherche des larves et des insectes aquatiques : que les amours des homards n'ont lieu que pendant les fortes chaleurs de l'été; que leurs femelles produisent peu, et que c'est à la fin du printemps qu'ils changent de peau : c'est alors qu'ils offrent une chair tendre, beaucoup meilleure que celle des Langoustes.

ESPÈCES.

1. E. Homard. Latr. *A. Marinus.* Fabr.

A. Testa haud cælata ; rostro manibusque dentatis. Latr. Gen. Crust. et Ins. t. 1, p. 51, sp. 1. Fabr. Ent. syst. t. 2, *p.* 478. Suppl., p. 406. Herbst., t. 25.

Cette espèce, par sa grandeur, et l'ensemble de ses formes, a donné son nom à toute cette famille de crustacés appelés *Homardiens.* Son corps est d'un bleu verdâtre changeant, parsemé de tâches blanches. Le corcelet est arrondi, sillonné, ciselé, terminé par un rostre pointu à cinq dents. Les yeux sont gros ; les palpes extérieurs triangulaires, poilus, dentés en-dedans : les intérieurs glabres et déprimés. La première paire de pattes est aiguillonnée, didactyle, ainsi que les deux suivantes ; les autres sont terminées par un seul crochet. L'abdomen est composé de six segmens ; le dernier est armé de deux pointes ; les écailles caudales sont larges, bordées de poils, adhérentes à une plaque rugueuse. La femelle ne diffère du mâle que par ses larges appendices foliacés.

Dimens. long. o,400 *larg.* o,o6o. *Séjour ; dans les profondeurs rocailleuses.*

2. E. DE RIVIÈRE. Fabr. *A. Fluviatilis.* Fabr.

A. Testa haud cœlata ; rostro dentato ; manibus tuberculis crassis dentibusque nullis. LATR. Gen. Crust. et Ins., t. 1, p. 51. sp. 2. FABR. Ent. syst., t. 2, p. 478. Suppl. 406. HERBST., t. 23, fig. 9.

Notre écrevisse de rivière a le corps d'un brun verdâtre, varié de blanchâtre ; le corcelet est traversé d'un sillon transversal et se termine par un rostre à deux dents. Les palpes extérieurs sont presque triangulaires, à poils rudes ; les intérieurs sont courts. Les pattes de la première paire sont longues, épaisses, tuberculeuses à leurs bases, et didactyles, ainsi que les deux paires suivantes : les autres sont terminées par des crochets aigus. L'abdomen est composé de six segmens unis. Les écailles caudales sont ciliées et adhérentes à une plaque épineuse. La femelle porte ses œufs au printemps.

Dimens. long. 0,080 *larg.* 0,020. *Séjour : dans la rivière de Tugia.*

B.

Antennes extérieures , insérées plus bas que celles du milieu.

G. XXII. CRANGON. *Crangon.*

Toutes les pattes monodactyles.

Les crangons qu'on a séparé avec raison de tous les genres de cette série, présentent quelques rapports de conformation avec les Nikas; ils en diffèrent cependant par la forme plus renflée de leur têt, par leur queue plus conique, et plus atténuée, et parce que toutes leurs pattes sont monodactyles. Ces animaux ne quittent les bancs de cailloux , roulés où ils font leur demeure, qu'aussitôt que les chaleurs ont pénétré dans les moyennes profondeurs où ils habitent , et que la mer n'est plus si fréquemment agitée par les vents. C'est alors qu'on les voit se jouer avec les petites clupées, anchois

et sardines , presque à la surface des flots, s'approcher, en nageant avec assez d'agilité, des bords ,
pour venir déposer le grand nombre d'œufs dont
les femelles sont pourvues. Les deux espèces que
j'ai trouvées dans notre golfe, paroissent différer
de toutes celles qui ont été décrites jusqu'à ce jour.
J'ai donné à la première le nom de Fascié , à cause
de la large bande qui entoure la base de son ventre , et j'ai désigné la seconde par un de ses
caractères les plus apparens. Toutes les deux offrent une chair assez bonne, et servent de pâture
aux différens poissons voyageurs qui viennent annuellement sur nos rivages.

ESPECES.

1. C. Fascié. N. *C. Fasciatus*. N.

Planche 3 , figure 5.

C. *Testa pellucida nigro punctata, paulo aculeata, brachiis spinosis, abdomine nigro cæruleo Fasciato.* **N.**

Le Crangon fascié paroît avoir quelques rapports
avec le C. boréal des mers du Nord, mais il en diffère
par les caractères suivans : son corps est oblong ,
renflé, d'un blanc translucide, marqué d'une infinité de petits points noirs. Le corcelet est grand ,
bombé, parsemé de quelques pointes courbes , et
terminé par un petit rostre arrondi et creusé au
milieu. Les yeux sont petits, d'un noir brillant,
placés sur de courts pédicules. Les pièces laté-

rales sont oblongues et ciliées. Les antennes supérieures sont bifides avec leur premier article épineux; les inférieures sont très-longues. La première paires de pattes est courte, épaisse et garnie d'aiguillons, les autres sont longues et très-déliées. L'abdomen est presque conique et fascié à sa base de bleu noirâtre, le dernier segment est terminé par quatre pointes. Les écailles caudales sont longues, adhérentes à une pièce triangulaire solide. La femelle dépose des œufs blancs en juillet.

Dimens. long. 0,030 *larg.* 0,008. *Séjour: sur les bas fonds sabloneux.*

2. C. Ponctué de rouge. N. *C. Rubro punctatus.* N.

C. Testa alba, argentata, rubro punctata; brachiis lævibus. N.

Cette espèce a le corps assez comprimé, lisse, d'un blanc argenté, couvert d'une infinité de petits points d'un rouge pourpre. Le corcelet est glabre, terminé en avant par un petit rostre arrondi, et obtus, avec une pointe aiguë de chaque côté : les yeux sont grands, d'un noir brillant; les pièces latérales sont carrées et ciliées. Les antennes supérieures sont bifides et placées sur un long pédicule épineux; la première paire de pattes est courte, les autres sont très-déliées, inégales et garnies de poils. L'abdomen est courbé, les écailles caudales sont oblongues non adhérentes entr'elles et séparées de la pièce intermédiaire qui est solide et linéaire. La femelle porte de petits œufs d'un blanc rosâtre en mai et juin.

Dimens. long. 0,036 *larg.* 0,005. *Séjour : dans les endroits sabloneux.*

G. XXIII. NIKA. N. *Nika*. N.

Une seule patte de la première paire didactyle, toutes les autres monodactyles.

Les espèces de ce nouveau genre sont des Crustacés à têt très-lisse, luisans, agréablement variés de différentes couleurs, et remarquables par la singulière conformation de leur première paire de pattes, dont une seule est constamment monodactyle ou terminée par un seul crochet, et l'autre toujours didactyle, ou en forme de pince. Ce caractère auquel on a d'abord peine à ajouter foi, est cependant fixe et constant dans les trois espèces qui constituent ce nouveau genre, et dont j'ai observé des milliers d'individus. Ces animaux s'écartent bien peu, par leur forme et la disposition de leurs organes du mouvement des Crangons et des Alphées, néanmoins, ils présentent une grande différence dans leurs mœurs, leur instinct, et leurs habitudes.

Les Nikas ont trois pointes aiguës au-devant de

leur front de plus que les Crangons , et une patte de la première paire monodactyle de plus que les Alphées. Leur corcelet est moins renflé, leurs antennes sont plus fortes , les organes de la bouche beaucoup plus longs que ceux des premiers ; et leur abdomen n'offre jamais une carène , leur taille est toujours moindre que celle des seconds. Les Nikas sont répandus en grande abondance pendant toute l'année dans nos mers , et n'abandonnent jamais le rivage , où les femelles déposent leurs œufs plusieurs fois dans l'année , au milieu des plantes marines tandis que les Crangons et les Alphées ne se montrent qu'au printemps et en été, qu'ils suivent les migrations des poissons du genre Clupée, et que leur ponte n'est jamais considérable. La chair des premiers offre , en tout temps , un mets savoureux et agréable; et l'on s'en sert comme d'un excellent appât pour prendre les poissons ; tandis que celle des derniers est peu estimée , et que l'on n'en fait aucun usage.

ESPÈCES.

1. N. Comestible. N. *N. Edulis.* N.

Planc. 3 , fig. 3.

N. Testa glaberrima rubro carnea, luteo punctata ; manibus brevibus, compressis ; dextra didactyla, sinistra monodactyla. N.

Le corps de cette espèce est d'un rouge incarnat pointillé de jaunâtre avec une ligne de peti-

tes taches jaunes au milieu. Le corcelet est lisse,
arrondi, terminé par trois pointes aiguës, celle du
milieu étant la plus longue. Les yeux sont
verts et transparens. Les antennes supérieures sont
terminées par deux filets inégaux, leurs pédicules
sont ciliés. Les inférieures sont beaucoup plus
longues. Les pièces latérales sont linéaires et transparentes. Les palpes extérieurs sont fort longs et
poilus. Les pattes de la première paire sont courtes,
la droite didactyle, la gauche monodactyle. Les
autres pattes sont longues, grêles, et crochues.
L'abdomen est composé de six segmens lisses, le
dernier se termine par quatre petites pointes. Les
écailles caudales sont ovales, oblongues, pointillées de rouge, adhérentes à une plaque courte,
solide, hérissée de poils rudes à l'extrémité, et
garnie de pointes à sa base. La femelle pond des
œufs d'un jaune verdâtre, plusieurs fois dans
l'année : c'est particulièrement cette espèce qui est
employée comme comestible aux environs de
Nice, et qu'on vend pendant toute l'année.

Dimens. long. 0,046 *larg.* 0,010. *Séjour; dans la région des algues.*

2. **N. Variée. N.** *N. Variegata.* **N.**

*N. Testa glabra, griseo virescente luteoque variegata;
manibus inæqualibus, dextra minima didactyla sinistra maxima monodactyla.* **N.**

Cette espèce se rencontre parfois sur le rivage

dans le golfe de Beaulieu. Son corps est varié de gris, de vert, de jaune rougeâtre, avec une petite ligne brune le long du dos. Le corcelet estcomprimé, terminé, sur le devant, par trois pointes presqu'é-gales. Les antennes supérieures placées sur des pé-dicules glabres, sont terminées par deux filets pres-que égaux. Les pièces latérales sont oblongues. Les pattes de la première paire sont inégales et garnies de poils rudes; la droite est courte et didactyle, la gauche, trois fois plus longue est fort épaisse et mo-nodactyle. Les autres pattes sont minces et poilues. Le dernier segment de l'abdomen est terminé de chaque côté, par une longue pointe. Les écailles ·natatoires sont oblongues, ciliées, adhérentes à une plaque solide, hérissée d'aiguillons. La femelle diffère très-peu du mâle.

Dimens. long. 0,020 *larg.* 0,004. *Séjour : dans les al-gues profondes.*

3. N. Sinueuse. N. *N. Sinuolata.* N.

N. Testa sinuolata alba, rubro punctata; manibus æqua-libus, dextra didactyla, sinistra monodactyla. N.

Le caractère que présente le corcelet de cette espèce d'être traversé par des sinuosités régulières, au milieu, et terminé par trois pointes inégales, est suffisant pour la faire séparer des deux précédentes. Son corps est d'un blanc transparent, couvert d'une infinité de petits points d'un rouge carmin. Ses

antennes supérieures sont blanches, à deux filets inégaux, dont l'extérieur est deux fois plus long que le
corps et l'intérieur fort court : et tous les deux im-
plantés sur un pédicule arrondi garni de deux
épines. Ses antennes inférieures sont assez longues et soyeuses. Ses pièces latérales ovales et terminées en pointe. Ses pattes de la première paire,
sont égales, la droite est didactyle, et la gauche
monodactyle ; les autres sont assez longues et poilues. Le dernier segment de l'abdomen porte
un aiguillon de chaque côté. Les écailles caudales
sont lancéolées, et bordées de poils, elles adhérent à
une plaque solide qui est terminée par deux pointes. La femelle ne présente aucune différence d'avec
le mâle.

Dimens. long. 0,026 *larg.* 0,003. *Séjour : dans les
fucus du rivage.*

G. XXIV. ALPHÉE. *Alpheus.* Fabr.

Les deux premières paires de pattes didac-
tyles. LATR.

Les premières observations qui ont été faites sur
les alphées datent de Rondelet qui annonça plutôt qu'il ne décrivit un de ces crustacés sous le
nom de Caramote. Ensuite Fabricius, en établis-
sant le genre des alphées, fit connoître quatre es-

pèces toutes habitantes des mers des Indes. En
donnant aujourd'hui une description détaillée de
celle qui a été figurée par Rondelet et qu'on a
laissée depuis lors dans l'oubli, je ferai connoître
quatre nouvelles espèces que j'ai rencontrées sur
nos rivages.

Les Alphées se distinguent des Nikas par la longueur de leur rostre relevé ou courbé, la position
de leurs yeux, et la structure différente de leur
corps. On ne peut les confondre avec les Pennées
à cause de la forme de leur corcelet, et surtout
parce qu'ils n'ont que les deux premières paires
de pattes didactyles; caractère qui les distingue
éminemment de ce genre. Le têt des alphées
est lisse, glabre, très-mince. Leurs mœurs sont
tranquilles, ce qui les rend la proie de plusieurs animaux marins. Toutes les espèces qui habitent notre golfe se tiennent assez constamment
dans la région qu'elles choisissent pour demeure,
et ne la quittent même pas lorsque les poissons se
portent en foule sur elles pour les dévorer.

La sivado ou avoine de mer, se tient presque à
la surface de l'eau, se balance dans ses ondula-
tions, et s'approche des bords fréquentés par les
petites meduses phosphoriques dont elle se nourrit. Sa présence annonce ordinairement aux pêcheurs l'arrivée des clupées, à qui elle sert de
proie. L'espèce qui porte le nom d'élégant, à
cause de la beauté de ses couleurs, vit dans le

séjour des coraux et des madrépores. Sa natation est très-vive, et c'est avec peine qu'on parvient à la saisir. La caramote dont quelques praticiens croient l'emploi efficace contre la phthisie pulmonaire, se tient toujours dans les fonds vaseux. Celle à qui j'ai imposé le nom de pélagique ne se plaît que dans les grandes profondeurs de la mer où elle devient la proie des poissons pélagiens. Le tyrhene enfin que le savant Olivi a fait connoître dans sa Zoologie adriatique, et que le naturaliste Petagna dans ses institutions d'Entomologie a placé parmi les astacus, ne quitte point les profondeurs des lieux abrités des courans, et soit qu'il veuille fuir le danger auquel sa foiblesse l'expose, soit qu'il veuille se procurer une nourriture plus facile, il s'introduit dans les valves de la pinne marine. La saison des amours des alphées, arrive vers la fin du printemps et le milieu de l'été; j'ai toujours trouvé les femelles en plus grande abondance que les mâles.

ESPÈCES.

1. A. Caramote. N. *A. Caramote.* N.

A. Testa oblonga rotundata sulcata; rostro compresso suprà undecim dentato; abdomine versus apicem longitudinaliter carinato. N. Rondel., l. 18, p. 394.

Le nom de Caramote est celui que Rondelet imposa à ce crustacé, qui vit dans les rochers des

bords de la Méditerranée. Son corps est alongé,
lisse, luisant, fort mince, d'un blanc de chair
mêlé de rose tendre. Son corcelet est oblong,
arrondi, sillonné longitudinalement, et terminé
de chaque côté, par des aiguillons. Son rostre
assez long et comprimé a onze dents en-dessus, et
une seule pointe en-dessous. Ses yeux sont très-gros,
placés sur des pédicules poilus. Les antennes
supérieures sont courtes, poilues et bifides : les
inférieures, très-longues, sont situées à côté d'une
pièce latérale en forme de cœur; les trois derniers
segmens de l'abdomen sont carénés, et terminés
par une plaque solide, sillonnée au milieu, à trois
dentelures aiguës de chaque côté, à laquelle sont
adhérentes quatre longues écailles rougeâtres,
bordées de bleu. La femelle pond des œufs rougeâtres en été.

Dimens. long. 0,026 *larg.* 0,034. *Séjour : dans les
grandes profondeurs.*

2. A. PELAGIQUE. N. *A. Pelagicus.* N.

Planch. 2, fig. 7.

*N. Corpore arcuato ruberrimo; rostro canaliculato suprà
quinquedentato; abdomine compresso carinato.* N.

Je donne le nom de Pélagique à cette espèce
qui vit sur le grand banc de calcaire compacte,
qui traverse, de l'est à l'ouest, la mer de Nice.
Son corps est arqué, comprimé, d'un rouge de

corail très-vif. Son corcelet est alongé, traversé par une suture courbe sur les côtés, et terminé sur le devant, par quatre aiguillons, avec un rostre canelé, a cinq dents en-dessus, bidenté et cilié en-dessous. Ses yeux sont grands, arrondis, d'un bleu noirâtre et situés sur de gros pédicules. Ses antennes supérieures sont longues ; les inférieures sont courtes et placées à côté des pièces latérales qui sont lancéolées, striées et aiguillonnées à leur base. Les deux premières paires de pattes sont minces, les autres un peu plus longues, sont poilues ; l'abdomen est aplati, composé de six segmens relevés en carêneaiguë. Les écailles na-tatoires sont ovales oblongues, ciliées, adhé-rentes à une plaque intermédiaire courte, so-lide, et bombée. La femelle porte un grand nombre d'œufs d'un rouge carmin, dans le mois d'août.

Dimens. long. 0.096. *larg.* 0,014. *Séjour : dans les grande profondeur de notre mer.*

5. A. ÉLÉGANT. N. *A. Elegans.* N.

Planch. 2, fig. 8.

A. Corpore rotundato versicolore variegato; rostro parvo suprà sexdentato. N.

Une infinité de nuances carmélites qui se fon-dent les unes avec les autres, et qui sont relevées de points d'un jaune doré, font remarquer ce

joli crustacé. Le corps de cet alphée est arrondi,
oblong et renflé. Le corcelet est lisse, terminé sur
le devant, par un petit rostre à six dents en-
dessus ; les yeux sont placés sur des pédicules
jaunes. Les antennes supérieures sont courtes,
violettes, inégalement bifides, situées sur un support cylindrique, armé d'une pointe : les inférieures sont très-longues et épineuses à leur base.
Les pièces latérales sont arrondies et ciliées : la
couleur générale est un brun carmélite, présentant des reflets violets, et parsemé d'une infinité
de points d'un jaune doré ; le rostre, les pièces
latérales, et les deux premières paires de pattes
sont d'un beau blanc. Le dernier segment de l'abdomen est violet, prolongé en pointe sur les côtés.
Les écailles natatoires sont blanches, ciliées, adhérentes par leur base, à la plaque intermédiaire qui est courte, et terminée par six pointes
aiguës. La femelle pond de petits œufs d'un brun
violâtre en juillet et novembre.

Dimens. long. 0,040 *larg.* 0,010. *Séjour : dans les profondeurs rocailleuses.*

4. A. Sivado. N. A. Sivado. N.

Planch. 3, fig. 4.

*A. Corpore compresso, incurvo, albissimo, pellucido,
rubro cincto. N.*

Cet alphée est fort commun, et sert de proie

à une infinité de poissons qui vivent sur nos
bords. Son corps est très-comprimé arqué, d'un
beau blanc nacré, transparent, et bordé de
rouge. Le corcelet est lisse, terminé sur le devant
par un rostre aiguë et courbé. Les antennes inférieures sont situées à côté des pièces latérales
qui sont oblongues, ciliées, et terminées par une
épine. Les deux premières paires de pattes sont
épineuses et rougeâtres ; les trois autres très-grêles
et crochues. Le dernier segment de l'abdomen est
très-mince. Les écailles natatoires sont égales ,
pointillées de rouge, celle du milieu est triangulaire et pointue. La femelle dépose des œufs nacrés en juin et juillet.

Dimens. long. 0,070 *larg.* 0,010. *Séjour : sur la plage
de Nice.*

5. A. DE TYRHÈNE. N. *A. Tyrhenus.* N.

Planch. 2, fig. 2.

*A. Testa rotundata , lœvi, inermi; brachio sinistro ma-
jore ; pedibus filiformibus.* N. *Cancer candidus.* OLIV.
Zool. Adr., p. 51 , pl. 3 , f. 3. *Astacus Tyrenus.*
PETAGN., t. 5, fig. 5.

Le corps de cette espèce est d'un rouge aurore ,
traversé, avec beaucoup de régularité, par de petites lignes blanchâtres. Le corcelet est large, bombé,
arrondi, terminé sur le devant par une pointe
courbe qui forme le rostre. Les yeux sont petits ,

grisâtres; les antennes supérieures sont courtes. Les pattes de la première paire sont grêles; celles de la seconde paire sont très-longues, épaisses, renflées, la gauche est toujours plus grosse que la droite; les autres pattes sont petites et crochues. Les écailles natatoires sont ovales, arrondies, bordées de poils, adhérentes à une plaque solide, fort courte, bifide à l'extrémité. La femelle porte de petits œufs rougeâtres pendant l'été.

Dimens. long. 0,045 larg. 0,010. Séjour: dans les valves du jambonneau marin.

G. XXV. PENÉE. *Peneus.* Fabr.

Les trois premières paires de pattes didactyles. LATR.

La nature semble n'opérer qu'avec un certain ménagement pour passer de la composition d'un être à un autre: souvent le moindre changement lui suffit pour établir un système différent parmi des animaux, qui d'ailleurs présentent entre eux beaucoup d'analogie. Ces principes peuvent s'adapter au genre pennée, lequel ne paroît différer des alphées que par ce qu'il présente une paire de pat-

tes didactyles de plus. Ce caractère fixe et inva-
riable ne laisse point d'occasionner des changemens
considérables dans leur manière d'être. Les pennées
toujours ensevelis dans les vastes abîmes des mers,
n'abandonnent jamais ces régions profondes et servent de nourriture anx divers poissons pélagiens qui
les habitent tandis que la plus grande partie des alphées se tiennent constamment à peu de distance
du rivage, et se laissent entraîner chaque jour dans
les filets des pêcheurs. Les trois espèces que j'ai
découvertes, dont une a été dédiée à mon compa-
triote l'avocat Mars, naturaliste distingué, diffèrent par beaucoup de caractères de celles des Indes, décrites par le célèbre Fabricius, à qui nous
devons la counoissance de ce genre. Les pennées
ne font ordinairement qu'une ponte dans l'année.
Leur chair est délicate et d'un très-bon goût.

ESPÈCES.

1. P. A. LONGUES ANTENNES. N. *P. Antennatus.* N.

Planch. 2, fig. 6.

*P. Corpore ruberrimo, compresso; rostro acutiusculo
tridentato; antennis longissimis.* N.

De tous les penées de nos mers c'est celui dont
les antennes acquièrent le plus de longueur. Son
corps est alongé, bombé, arrondi, d'un rouge plus ou

moins vif. Le corcelet est un peu comprimé, presque cylindrique, nuancé de violet, échancré vers les yeux, avec trois petites pointes aiguës et une suture sur le côté, terminé en avant par un rostre presque aplati, à trois dents. Les yeux sont gros, noirs, placés sur de courts pédicules ; les antennes supérieures, inégalement bifides, sont situées sur un très-long pédicule triangulaire, cilié, creusé sur une de ses faces d'une rainure où peuvent se reposer les yeux ; les inférieures sont très-longues, placées à côté de deux pièces latérales pointues. Les trois premières paires de pattes plus longues les unes que les autres sont didactyles. Les deux dernières sont minces, alongées et très-grêles. L'abdomen est composé de six segmens dont les deux derniers sont carénés, et ciliés sur leurs bords. Les écailles natatoires sont lancéolées, adhérentes à une courte plaque bombée. La femelle diffère peu du mâle, elle porte ses œufs en juillet.

Dimens. long. 0,190 *mill. larg.* 0,025. *Séjour : dans les profondeurs de la mer.*

2. P. Mars. N. *P. Mars.* N.

Planch. 2, fig. 5.

P. Testa subovata, sinuata ; rostro bidentato summitate carnoso cæruleo ; chelis brevibus ; pedibus elongatis. N.

Un cartilage, en forme de crête charnue d'un beau bleu celeste, se fait remarquer au sommet du

petit rostre bidenté de ce pennée. Son corps est
alongé, comprimé, d'une couleur chamois, nacré,
avec des bandes forméesde petits points bruns et
rouges qui en varient les nuances. Le corcelet est
ovale, oblong, traversé de sutures sur les côtés, terminé par six pointes aiguës, avec un petit rostrebi-
denté au milieu, auquel adhère le long prolongement charnu et coloré. Les yeux sont grands, d'un
gris de perle, situés sur des pédicules renflés, les
antennes supérieures sont courtes, poilues, bifides.
Les inférieures sont placées à côté de deux pièces
latérales subcordiformes, marquées de lignes verdâtres, pointillées de rouge et ciliées d'un côté,
avec une pointe de l'autre. Les trois premières
paires de pattes sont inégales et didactyles ; les
autres sont alongées et crochues. Les deux derniers
segmens de l'abdomen sont carénés. Les écailles
natatoires sont ovales, d'un bleu d'azur, adhérentes
à une longue plaque, sillonnée, dentée et pointue.
La femelle porte des œufs, d'un roux aurore, en
juillet.

*Dimens. long. 0,200 larg. 0,020. Séjour : se tient à une
grande profondeur.*

3. P. Membraneux. N. *P. Membranaceus.* N.

*P. Corpore membranaceo, rubro carneo ; rostro brevi ;
chelis manibusque filiformibus elongatis. N.*

Cette espèce qui vit sur les attérissemens fangeux, qui relèvent annuellement le fond de notre mer, a le corps alongé, recourbé, recouvert d'un têt très-mince et presque membraneux, d'une couleur rougeâtre pâle. Le corcelet est comprimé, sinu eux, armé d'un petit rostre aplati et denté. Les yeux sont gros, portés sur des pédicules jaunâtres; les antennes supérieures sont alongées, bifides; les inférieures sont placées près de deux pièces latérales oblongues. Les trois premières paires de pattes sont fort longues, filiformes et didactyles, les deux autres sont minces et crochues. Les deux derniers segmens de l'abdomen sont carénés. Les écailles caudales sont lancéolées, inégales, adhérentes à une plaque solide, très-courte et aiguë. La femelle présente les mêmes formes que le mâle.

Dimens. long. 0,160 *larg.* 0,016. *Séjour sur les fonds vaseux.*

C.

Antennes intérieures terminées par trois filets.

G. XXVI. ÉGEON. N. *Egeon.* N.

Corps couvert d'un têt solide, aiguillonné; point de rostre; les pattes de la première paire monodactyles. N.

E. Cuirassé. N. *E. Loricatus*. N.

Cancer. Oliv. Zool. Adriat., t. 3, fig. 1.

Ce singulier crustacé présente des caractères si variés et si remarquables, qu'on a lieu d'être surpris que les premiers naturalistes qui l'ont observé, l'aient confondu avec des espèces qui en diffèrent totalement. Son corps est alongé, un peu arqué, recouvert d'un têt fort dur et solide, d'un blanc rougeâtre, finement pointillé de pourpre. Le corcelet est traversé longitudinalement par sept rangs de piquans, courbés en-devant, placés les uns au-dessus des autres, et formant une espèce de cuirasse. Les yeux sont petits, grisâtres, rapprochés, presque sessiles. Les pièces latérales sont triangulaires et ciliées. Les antennes intérieures sont courtes et poilues; les extérieures très-longues; les palpes sont alongés et garnis de poils. La première paire de pattes est monodactyle, la seconde didactyle, la troisième, longue et grêle; les deux dernières sont épaisses, garnies de quelques poils, et terminées par des crochets aigus. L'abdomen est composé de six segmens chargés de proéminences raboteuses, de cavités flexueuses et irrégulières, qui semblent représenter diverses figures sculptées en relief; le dernier segment est recouvert d'épines. Les écailles natatoires sont ovales, oblongues, ciliées, non adhérentes à la plaque intermédiaire qui se termine en pointe. La femelle dépose ses œufs rougeâtres en juin.

Les différens caractères que présentent les pattes des homardiens ont suffi jusqu'à présent pour distribuer méthodiquement en plusieurs genres ces animaux qui ont beaucoup de rapports communs entre eux. Dirigé par les mêmes principes, j'ose établir ce nouveau genre sous le nom d'Egeon, lequel, malgré l'affinité qu'il a avec certains Palémons, en diffère cependant par l'absence de tout rostre, par la forme particulière de sa première paire de pattes qui est monodactyle; par les plaques de l'extrémité de la queue qui ne sont point réunies, enfin par les espèces de cuirasses solides qui couvrent son corps.

Cet égeon se tient à une profondeur de deux à trois cents mètres ; il n'approche le plus souvent des côtes que pendant l'été. Sa femelle pond de deux à trois cents petits œufs, et choisit toujours, pour s'en débarrasser, les endroits couverts de plantes marines. Il est rusé, difficile à prendre, et sa chair est moins estimée que celle des palémons.

Dimens. long. 0,040 *larg.* 0,009. *Séjour : sur les fonds rocailleux.*

G. XXVII. PALÉMON. *Palemon.* Fabr.

Corps couvert de plaques coriaces; corcelet terminé sur le devant par un rostre subulé; pattes de la première paire didactyles. N.

De tous les homardiens, le genre Palémon est

celui qui est le plus nombreux en espèces, et qui paroît répandu avec le plus de profusion dans la Mer Méditerranée. La distinction qu'on en a faite en se fondant uniquement sur **le** nombre des filets de leurs antennes, n'est pas suffisamment motivée, car on voit plusieurs espèces de palémons qui n'en ont réellement que deux, comme l'avoit remarqué M. Bosc. Il suit de-là que ce caractère ne pourra jamais être admis seul, pour autoriser à séparer ces animaux de ceux qui ont trois filets à chaque antenne. La plupart des palémons vivent réunis en société, et chaque troupe n'abandonne que rarement l'endroit qu'elle a choisi pour demeure. Leur natation est très-vive, et ils s'arrêtent un moment après chaque élan. La pointe aiguë dont leur front est armé, leur sert à lutter avec avantage contre leurs ennemis. Les poissons qui en font leur nourriture, sont forcés de les faire descendre à reculons dans leur estomac, et c'est toujours dans cet état qu'on les y trouve. Les dix espèces nouvelles que je vais faire connoître ont toutes une chair délicate; on les mange frites, et elles sont employées aussi comme appât pour prendre à la ligne divers poissons.

ESPÈCES.

1. P. Espadon. N. *Xiphias.* N.

P. Rostro elongato depresso, curvato, supra septemdentato infra quinquedentato. N.

Le corps de cette espèce est d'un blanc sale,

luisant, parsemé de petits points jaunâtres, disposés symétriquement. Le corcelet est lisse, avec
deux pointes en-devant; il est terminé par un
long rostre en pointe courbe, garni de sept
dents en-dessus, et de cinq en-dessous. Les yeux
sont placés sur des pédicules ovoïdes. Les pièces
latérales sont courtes, pointillées avec un aiguillon
d'un côté, et des cils de l'autre. Les antennes intérieures ont trois filets situés sur un long pédicule
tridenté. Le dernier segment de l'abdomen est
garni de quatre pointes. Les écailles natatoires sont
parsemées de petits points enfoncés. La pièce intermédiaire est bifurquée et tachetée de rouge. La
femelle porte des œufs verdâtres, en avril, juin et
décembre, qu'elle dépose dans les lieux ou croissent
les plantes marines.

Dimens. long. 0,060. *larg.* 0,012. *Séjour dans les zos-*
tères du rivage.

2. P. TROIS SOIES. N. *P. Trisetaceus.* N.

P. rostro parvo supra sexdentato, infra quinque-
dentato. N.

Les caractères sur lesquels j'établis cette nouvelle espèce, consistent principalement dans la
forme du corps qui est bombé et d'un vert pâle, parsemé de petits points bruns ainsi que dans celle du
corcelet qui est lisse, et terminé par un rostre

à six dents en-dessus et à cinq en-dessous.
Les antennes intérieures de ce palémon sont composées de trois filets courts, inégaux, et situés sur
un large pédicule, cilié et garni d'une épine. Le
dernier segment de l'abdomen est muni de quatre
pointes. Les écailles caudales sont ovales, oblongues et adhérentes à une pièce intermédiaire épineuse, qui se termine par trois soies roides. La
femelle pond des œufs verdâtres, en avril et juillet.

Dimens. long. 0,050 *larg.* 0,012. *Séjour: dans les fucus;
loin du rivage.*

3. P. Petit Rostre. N. *P. Microramphos.* N.

P. *Rostro recto, acuto, supra quinque dentato, infra
bidentato.* **N.**

On distingue ce palémon des espèces précédentes, parce que son corps est plus bombé, incolore,
translucide, orné de petits points sur tout son pourtour. Le corcelet est lisse, avec une pointe de chaque côté, un très-petit rostre au milieu, à cinq dents
en-dessus et à deux seulement en-dessous. Les antennes intérieures ont trois petits filets. Les écailles
natatoires sont transparentes, et leur pièce intermédiaire est longue et terminée en pointe aiguë. La
femelle porte de petits œufs blanchâtres tâchetés vers la fin du printemps.

Dimens. long. 0,018 *larg.* 0,004. *Séjour dans les
rochers du rivage.*

4. P. Scie. N. *P. Pristis.* N.

P. Rostro ascendente, supra et infra minutissime ser-
rulato. N.

Tous les palémons que je vais décrire à la suite
de cette espèce, ont leurs antennes terminées
par deux seuls filets; celle-ci a le corps alongé,
arrondi, d'un beau rouge de corail traversé par
deslignes d'un blanc-jaunâtre: il est recouvert d'un
duvet blanchâtre. Le corcelet est garni sur le devant de deux petites pointes, et terminé par un rostre relevé et très-finement dentelé de chaque côté.
Les yeux, d'un bleu foncé, sont placés sur de petits
pédicules. Les antennes intérieures sont situées sur
de gros supports quadriarticulés, et se terminent
par deux longs filets; les extérieures sont un peu
renflées à leur base. La première paire de pattes est
glabre et courte : les autres paires sont longues,
grêles, hérissées de pointes aiguës sur leur troisième et quatrième articles. Les écailles natatoires
sont ovales, oblongues, adhérentes à une plaque
cunéiforme, divisée en deux pointes à l'extrémité.
La femelle porte des œufs d'une couleur azurée
en juillet.

Dimens. long. 0,120. larg. 0,014. *Séjour : sur les*
fonds rocailleux.

5. P. Cognet. N. *P. Cognetii.* N.

P. Rostro parvo, compresso, supra septemdentato ; infra bidentato. N.

Le corps de ce palémon est d'un rouge de corail pale, traversé dans toute sa longueur, par des bandes blanches qui en relèvent l'éclat. Le corcelet est lisse, terminé près des yeux, par une pointe aiguë. Le rostre très-court, a sept dents en - dessus, et deux seulement en - dessous. Les pièces latérales ont deux aiguillons d'un côté et sont ciliées de l'autre ; les antennes intérieures sont placées sur un pédicule renflé. Le dernier segment de l'abdomen supporte deux épines. Les écailles natatoires sont égales et ciliées : les deux latérales sont dentées. La femelle porte des œufs jaunâtres, en juin.

Dimens. long. 0,050. *larg.* 0,010. *Séjour : dans la région des madrépores.*

6. P. Porte-Glaive. N. *P. Ensiferus.* N.

P. Rostro longiore, apice ascendente, supra quinque- dentato ; infra quadridentato; antennis longissimis. N.

Cette belle espèce est d'un rouge carmin luisant. Son corcelet est garni , vers sa partie anté- rieure de quatre longues pointes , il est terminé par un rostre recourbé de vingt-quatre millimé- tres de longueur, à cinq dents en - dessus, et à quatre en-dessous. Les yeux sont placés sur des

pédicules aplatis ; les antennes extérieures sont
deux fois plus longues que le corps. Les écailles
natatoires sont unidentées au sommet, et adhérentes à la plaque intermédiaire qui est conique. La
femelle porte des œufs rougeâtres , en juillet.

Dimens. long. **0,110.** *larg.* 0,020. *Séjour: dans la région
de coraux.*

7. P. Olivier. N. *P. Olivieri.* N.

P. *Rostro parvo, recto , supra lævi, infra tridentato.* **N.**

C'est au savant auteur de l'Histoire des Insectes, que je dédie ce palémon que j'ai trouvé sur
nos rivages. Sa couleur est d'un beau vert-pré ,
parsemé de petits points d'un bleu céleste. Le corcelet est lisse , ayant de chaque côté deux petites
pointes aiguës, et, il est terminé sur le devant par un
rostre droit, lisse, sans dents en-dessus , tridenté
en-dessous de la longueur des pièces latérales.
L'abdomen est composé de six segmens tachetés
de rougeâtre sur leur bord inférieur. Les écailles natatoires sont transparentes , ciliées et adhérentes à la plaque intermédiaire, qui a la forme
d'un triangle aigu. La femelle dépose des œufs
verdâtres, dans le mois de mai.

Dimens. long. 0,040. *larg.* 0,008. *Séjour: dans les fucus
et les conferves.*

8. P. Nacré. N. *P. Margaritaceus.* N.

P. Rostro subulato, supra lævi, infra bidentato. N.

Les traits suivans suffiront toujours pour séparer cette espèce des précédentes. Son corps est alongé, arrondi, transparent et nacré, parsemé de petits points bleus. Le corcelet est lisse, marbré de brun et de rougeâtre, garni d'un aiguillon de chaque côté. Le rostre est subulé, plus long que les pièces latérales, lisse et uni en-dessus, bidenté en-dessous. Le dernier segment de l'abdomen est garni de deux épines. Les écailles natatoires sont d'un rouge pâle, et la pièce intermédiaire est oblongue, marquée de quatre taches foncées. La femelle porte des œufs blanchâtres, en mai.

Dimens. long. 0,036. *larg.* 0,006. *Séjour: dans les endroits pierreux.*

9. P. Bec Lisse. N. *P. Lævirhincus.* N.

P. Rostro parvo, subulato, subtus infraque lævi. N.

Cette espèce termine la progression que la nature paroît avoir suivie dans le nombre des dentelures du rostre des palémons. Son corps est d'un noir foncé, parsemé de quelques taches blanchâtres. Le corcelet est uni avec deux petites pointes sur le devant; il est terminé par un petit rostre subulé, lisse et uni de chaque côté. Les pièces latérales ont deux épines. Le dernier segment de

l'abdomen est adhérent à une plaque arrondie,
noire, lisérée de blanc, terminée par quatre filets
roides; cette pièce sert de pivot aux écailles natatoires
qui sont bordées de gris. La femelle porte des œufs
noirâtres, en mai.

Dimens. long. 0,030. *larg.* 0,005. *Séjour : sur les bas
fonds.*

G. XXVIII. Melicerte. N. *Melicerta.* N.

Corps couvert d'un têt mou; corcelet terminé
    sur le devant par un très - petit rostre.
    — Pattes des deux premières paires, didac-
    tyles. N.

Les melicertes diffèrent des égeons, par le petit
rostre dont la partie antérieure de leur corcelet est armée, et dont ce dernier genre est
totalement privé : ils s'éloignent également des
palémons, par un *facies* un peu différent; par
leur têt plus mou, et parce que les deux premières paires de leurs pattes sont toujours didactyles; tandis que dans les palémons, la première
paire seulement est ainsi conformée. Ce caractère
paroît être la cause des mœurs particulières qu'offrent ces animaux : ils se tiennent presque toujours
au fond des eaux, et s'approchent fort rarement

du rivage. Je suis porté à croire qu'ils vivent isolés, car on n'en prend jamais qu'un petit nombre à la fois. Leur chair est tendre, et d'un très-bon goût.

ESPÈCES.

1. M. Queue soyeuse. N. *M. Seti Caudata.*

Planch. 2, fig. 1.

M. Rostro minimo, supra sexdentato, infra bidentato. N.

Le corps de cette jolie espèce est d'un rouge de corail, marqué longitudinalement de lignes blanchâtres. Son corcelet est un peu déprimé, et muni de deux aiguillons sur le devant. Son rostre est court à six dents en-dessus, et deux en-dessous. Ses yeux sont petits, d'un rouge obscur, portés sur de courts pédicules. Les antennes intérieures sont divisées en trois longs filets; les extérieures sont rougeâtres. Les pièces latérales sont linéaires, ciliées et armées d'aiguillons. Les palpes sont fort longs. Les pattes des deux premières paires sont didactyles : les autres sont très-longues et terminées par un seul crochet. L'abdomen est formé de six segmens. Les écailles caudales sont ciliées sur leurs bords. Les deux extérieures sont dentées sur un de leurs côtés et adhérentes à la plaque du milieu qui se termine par dix longues soies très-déliées.

La femelle porte des œufs d'un rouge brun, en juin et juillet.

Dimens. long. 0,056. larg. 0,003. Séjour: dans les eaux profondes.

2. M. LATREILLE. N. *M. Triliana.* N.

Planch. 3, fig. 6.

M. Rostro porrecto, subulato, supra octodentato, infra quinquedentato. N.

Cette melicerte a le corps alongé, translucide, d'un jaune rougeâtre, fascié de rouge violet. Le corcelet est arrondi, terminé par un rostre assez court, à huit dents en dessus et à cinq en-dessous. Les antennes intérieures ont trois filets, situés sur un large pédicule à deux épines: les palpes sont longs et poilus. Les deux premières paires de pattes sont renflées, et didactyles; les autres sont minces, annelées de blanc, de jaune et de violet. Le dernier segment de l'abdomen est garni de quatre protubérences épineuses. Les écailles natatoires sont ovales, pointillées de rouge, adhérentes à la plaque intermédiaire qui est bifide et parsemée de pointes. La femelle est nuancée de rougeâtre et marquée de points obscurs; elle porte des œufs jaunâtres, qu'elle dépose en juillet.

Dimens. long. 0,080 larg. 0,016. Séjour dans les moyennes profondeurs.

SIXIÈME FAMILLE.

SQUILLARES.

G. XXIX. Squille. *Squilla*. Fabr.

Antennes intérieures à trois filets ; bras
allongés. Latr.

Les Squilles ont un caractère commun qui les
rend très-remarquables; c'est que leur première
paire de pattes est terminée par des pointes crochues disposées en forme de dents de peigne. Ces
animaux connus par les habitans de notre côte, sous
le nom de *Pregodieus*, se tiennent le plus communément dans les profondeurs de trente à cinquante mètres, et choisissent les endroits sablonneux et fangeux, où ils trouvent une nourriture plus abondante et plus assurée. L'époque
de leur union est le printemps. Les femelles se
cachent sous les rochers quand elles veulent se
débarrasser de leurs œufs; aussi il est très-dif-
ficile alors de les prendre. La jolie espèce que je
vais faire connoître, et que je dédie à mon ami
Desmarest, savant naturaliste de Paris, est beaucoup plus répandue dans notre mer, que la Mante;

toutes les deux ont leur enveloppe mince, ferme et luisante; leur natation est à peu de chose près, semblable à celle des homardiens, mais elles font moins usage que ceux-ci, de leurs pattes pour se traîner. Leurs œufs sont disposés sous les appendices de l'abdomen , comme ceux des Langoustes. Leur chair est fort bonne et sert journellement de nourriture. Les Squilles paroissent être fort craintives, et fuient au fond de l'eau quand on les poursuit. On les prend à l'aide du filet, dit *Rustro* dans les environs de Villefranche.

ESPÈCES.

1. S. Mante. *S .Mantis.* Fab.

S. Corpore supra lineis plurimis elevatis longitudinalibus; pollicibus sexdentatis. Latr. Gen. Crust. et Ins. t. 1, p. 55, sp. 1. Linn. Syst. nat. ed. 13, p. 1054. N. 76. Fabr. Suppl. ent. syst., p. 416. N. 2. Herst. tab. 33, fig. 1.

Le corps de la squille mante, est allongé, d'un blanc nacré nuancé de bleu et de violet. Le corcelet est convexe et termimé par deux pointes. La tête est petite; les yeux pédiculés d'un vert doré; les pièces latérales, ovales, oblongues ciliées. La dernière pièce des pattes antérieures est recourbée sur l'avant dernière et elle est armée de six aiguillons crochus , disposés en dents de peigne. Les autres pattes sont courtes, d'un vert de mer, et

poilues à leur extrémité. L'abdomen **est formé**
de six segmens qui présentent chacun sept angles
convexes, aiguillonnés. Les écailles caudales ont
trois pièces, les extérieures sont ovales, oblongues et épineuses à leur base, les intermédiaires
solides, à deux piquants, les dernières ciliées.
La pièce du milieu est épaisse, ornée de deux
taches d'un bleu violet, et bordée d'aiguillons.
La femelle porte des œufs nacrés, en été.

Dimens. long. 0,190 *larg.* 0,040. *Séjour dans les ro-*
chers, à une grande profondeur.

2. S. DESMAREST. N. *S. Desmaresti.* N.

Planch. 2, fig. 8.

S. *Corpore supra lineis duabus lateralibus elevatis longi-*
tudinalibus; pollicibus quinque dentatis N.

Une belle couleur d'un jaune fauve clair, teint
le corps de cette nouvelle espèce. Son corcelet est
convexe et sillonné, sans pointes. Sa tête est petite et ses yeux sont pédiculés, marbrés de gris : ses
pièces latérales sont ciliées. Les pattes de la première paire ont leur dernier article muni de cinq
aiguillons en forme de dents de peigne : les autres
pattes sont courtes jaunâtres et poilues. L'abdomen a dix segmens lisses, convexes, arrondis au
milieu, ayant sur leurs bords trois lignes relevées
formant deux espèces de sillons de chaque côté.

Les écailles caudales sont composées de trois pièces, les extérieures linéaires aiguillonnées, les intermédiaires à deux piquans solides, et les dernières ciliées. La pièce du milieu supporte six épines sur ses bords et se termine en pointe. La femelle
porte ses œufs qui sont jaunes, en avril et septembre.

VAR. A. On trouve dans les rochers coraligènes, divers individus de cette espèce, qui sont
d'un rouge clair.

VAR. B. Une autre Variété d'un beau jaune
foncé, se fait aussi remarquer parmi les nombreux
individus dont cette espèce abonde sur toute notre
côte.

Dimens. long. 0,090 *larg.* 0,020. *Séjour dans les
zostères.*

3. S. PIEUSE. N. *S. Eusebia.* N.

S. Corpore rubro, glaberrimo ; pollicibus decemdentatis. N.

Dans cette espèce, la tête est terminée par une
longue pointe, le corcelet est presque aplati oblong,
glabre, pointillé de brun ; les yeux sont verdâtres,
les pièces latérales ovales et ciliées. Les antennes
intérieures sont courtes, et composées de trois filets,
et les inférieures sont soyeuses ; les palpes ont la
forme de cuillerons. On compte dix aiguillons très-
fins, aux pattes de la première paire, sur leur
dernière articulation. Les autres pattes sont courtes
et munies d'un appendice arrondi sur leur qua-

trième article. L'abdomen est formé de sept segmens arrondis, glabres, dont les trois premiers et le dernier sont moins renflés que ceux du milieu : ils sont rouges et pointillés de brun. Les écailles latérales de la queue, sont ciliées et portent deux aiguillons inégaux.

Dimens. long. 0,040, *long.* 0,010. *Séjour : dans le golphe de Nice.*

G. XXX. MYSIS. *Mysis.* Latr.

Antennes intérieures à deux filets ; bras trèscourts. LATR.

ESPÈCE.

M. PLUMEUX. N. M. *Plumosus.* N.

M. Corpore glaberrimo , compresso ; thorace longissimo ; antennis inferioribus plumosis ; cauda biphylla **N.**

Aucun naturaliste, à ma connoissance, n'a trouvé de Mysis jusqu'à présent, dans la Méditerranée. Le corps de cette nouvelle espèce est allongé , trèsglabre, comprimé latéralement et d'un blanc mat. Le corcelet est convexe, arrondi en bosse, large, épais, luisant, occupant plus de la moitié du corps Les yeux sont gros, rouges, globuleux presque sessiles. Les pièces latérales sont petites, arrondies et ciliées. Les antennes intérieures sont longues, inégalement bifides, ciliées, placées sur un pédicule cylindrique : les inférieures sont courtes, plumeuses ; les palpes sont petits et velus. La première paire de pattes est très-longue, et terminée par des crochets aigus. Les autres pattes sont ciliées ; les trois paires inférieures, étant très-minces et grêles. L'abdomen est petit, droit, composé de huit segmens égaux, garnis au sommet de deux appendices triangulaires, dont chacun est terminé par un long filet. La femelle porte de petits œufs, en juin.

Les Mysis forment le second genre de la famille à laquelle on a donné le nom de Squillares; la position singulière de leurs organes du mouvement nécessitent des mœurs et des habitudes différentes de celles de tous les crustacés que je viens de faire connoître.

Ils sont très-petits et d'aucun usage. Ils ont une peau coriace, très-mince et une consistance molle. Leur corps est relevé ordinairement en bosse; leurs pattes antérieures sont propres à la défense et donnent à ces animaux les moyens de saisir leur proie. Leur queue est toujours terminée par un nombre plus où moins considérable de longues soies, dont le mouvement est continuel comme celui des antennes. L'espèce qui habite nos rivages, ne se plaît qu'à un mètre environ de profondeur, et choisit toujours les anses où les eaux calmes et tranquilles ne sont troublées par aucun vent. Ces crustacés restent pour l'ordinaire cramponnés sur les fucus et les coralli-nes ; quand ils les quittent ils nagent avec une ex-trême vivacité, et si on veut les saisir ils glissent en se détournant sur les côtés, et s'échappent à tra-vers les plantes avec une souplesse étonnante. Je n'ai jamais pu saisir le moment de leur accouple-ment, mais j'ai lieu de croire qu'il a lieu en même-temps que celui des Talitres. Leur ponte est de vingt-quatre à trente-six petits œufs, arrondis, d'un jaune aurore que la femelle porte jusqu'à l'époque de leur développement. Elles parois-sent même ne pas abandonner les petits après leur naissance, car j'ai remarqué plusieurs fois, vers la fin du mois de juin, ces animaux très-iné-gaux en grandeur, grimper ensemble par petites bandes autour des plantes marines.

Dimens. long. 0,007 *larg.* 0,002. *Séjour : dans les conferves du rivage.*

SEPTIÈME FAMILLE.

CREVETTINES.

1.

Antennes n'étant point terminées par des filets.

A.

Queue sans appendices.

G. XXXI. PHRONIME. *Phronima.* Latr.

Les pattes des deux premières paires mono-dactyles. LATR.

Le nom donné à la première espèce de phronime, a rapport à l'habitude qu'elle a de s'emparer des divers radiaires molasses pour fixer son domicile dans leur corps. Semblables aux argonautes et aux carinaires, ces crustacés viennent pendant le calme des eaux, dans la belle saison, voyager dans ces nacelles vivantes, sans se donner le soin de nager. Néanmoins lorsqu'ils veulent plonger, ils rentrent dans leur gîte et se laissent tomber par le seul effet de la pesanteur.

Ces animaux qui se nourrissent d'animalcules, ne se montrent à la surface des eaux qu'à la fin du printemps, et restent dans les profondeurs un peu vaseuses pendant tout le reste de l'année. Leur manière de se propager, nous est encore inconnue, mais il est certain que les femelles ne portent pas leurs œufs sur un de leurs côtés, comme les pagures, quoiqu'elles ayent comme ceux-ci l'habitude de se loger dans les dépouilles des corps vivans.

Le célèbre Forskael, eut occasion d'observer, dans sa traversée de la Méditerranée, la première espèce de ce genre qu'il fit connoître dans sa faune d'Arabie, sous le nom de *Cancer sedentarius*. J'augmente ce genre d'une nouvelle espèce, à laquelle je donne le nom de *sentinelle*, à cause de la particularité qu'elle présente, d'être toujours sur ses gardes, pour se soustraire aux attaques de ses ennemis, de manière qu'il est assez difficile de s'en procurer quelques individus. Les phronimes ne sont point aussi communes sur nos bords, que les autres crustacés. Elles se tiennent pour l'ordinaire, à la distance d'environ un kilomètre du rivage.

ESPÈCES

1. P. Sédentaire. *P. Sedentaria*. Latr.

P. Corpore maximo, margaritaceo, cum punctis rubris; pedibus decem, tertio pari longissimo, crasso, didactylo. N. Latr. Gen. Crust. et Ins., t. 1, pag. 56, t. 1. fig. 2. Herbst. t. 36, fig. 8. Forsk., faun. Arab., p. 95.

Le corps de cette espèce est mou, transparent,

nacré et ponctué de rougeâtre. Le corcelet est lisse, formé de plusieurs segmens. La tête est grosse, proboscidiforme, plane sur le devant, arrondie au sommet et pointillée de rouge sur les côtés. Les yeux sont noirs, sessiles. Les pattes sont tachetées de rouge de laque ; la troisième paire est fort longue, à articles épais, terminés par des pinces arquées et inégales. Les deux dernières paires sont courtes et dentelées sur leur second article. L'abdomen est convexe et composé de quatre segmens terminés en pointe. La pièce de l'extrémité de la queue sert de support aux appendices bifides qui la terminent.

Dimens. long. 0,060. *larg.* 0,010. *Séjour : dans les pyrosomes et les beroë.*

2. P. Sentinelle. N. *P. Custos.* N.

Planch. 2, fig. 3.

P. Corpore lineari, albissimo ; pedibus decem, tertio pari longiore æquali, didactylis. N.

Cette phronime a le corps linéaire, cylindrique et blanchâtre. Son corcelet est formé de très-petits segmens. Sa tête est conique, plane sur le devant. Ses yeux sont noirs et sessiles. Ses pattes sont filiformes : la troisième paire est un peu plus longue que les autres et armée de pinces égales, les postérieures sont courtes et grèles. L'abdomen est composé de

quatre longs segmens. La queue se termine par une
petite plaque qui sert de support à des appendices bifurqués.

Dimens. long. 0,040. *larg.* 0,004. *Séjour : dans les
équorées et geronies.* (*Genres de meduses*).

G. XXXII. TYPHIS. N. *Typhis.* N.

Corps arrondi, abdomen plié sous le corcelet
dans le repos; pattes de la première paire
didactyles ; celles des deux dernières en
forme de lames avec un ongle crochu à
l'extrémité.

ESPÈCE.

T. OVOÏDE. N. *T. Ovoides.* N.

Planch. 2 , fig 9.

Cette espèce ne peut entrer dans aucun des genres
connus de la classe des Crustacés. Son corps est
ovoïde, lisse, d'un beau jaune clair et luisant, parsemé de petits points rougeâtres ; sa tête est oblongue, très-large et tronquée sur le devant. Ses yeux
sont petits ainsi que ses antennes. Sa bouche est
garnie des palpes soyeux. Son corcelet est composé de segmens très-rapprochés, qui sont munis
sur leurs bords de lamelles , sur lesquelles les
pattes s'articulent. La première paire est presque

aplatie, à cinq articles dont le dernier est didactyle:
la seconde et la troisième paires sont petites, monodactyles, et les deux dernières, consistent en deux
grandes et larges lames terminées par un crochet.
L'abdomen est convexe, composé de cinq segmens.
Les écailles caudales sont arrondies, ciliées; la
pièce du milieu est conique et aiguë.

Ce singulier Crustacé quitte très-rarement les
fonds sablonneux sur lesquels il fait sa résidence
ordinaire, et quand il vient nager à la surface de
l'eau, si l'on va pour le saisir, il replie sa queue
sous son corps, et au moyen des larges lames foliacées de ses pattes postérieures, il cache tous ses
organes, et se forme en boule. Alors il se laisse
tomber au fond de l'eau. Sa natation est assez
facile : on le voit voguer auprès des petites équorées, dont il fait sans doute sa nourriture. Il ne se
montre sur nos bords, que pendant l'été, et dans
les journées où la mer est parfaitement calme et
tranquille. Il est assez rare, et on le prend fort
difficilement.

Dimens. long. 0,024. *larg.* 0,012. *Séjour : dans le
golfe de Nice.*

2.

Antennes terminées par des filets.

A.

Queue ayant des appendices.

G. XXXIII Euphée. N. *Eupheus.* N.

Corps cylindrique, terminé par de longs filets ;
pattes de la première paire didactyles.

ESPÈCE.

E. Ligioïde. N. *E. Ligioïdes.* N.

Planch. 3 , fig. 7.

Je donne le nom de Ligioïde à cette espèce ,
parce que au premier aspect, on la prendroit pour
une ligie. Son corps est alongé, cylindrique ,
presque aplati en dessus, et concave en-dessous ,
coloré de jaune , de blanc et de verdâtre. Le corcelet est assez grand , et se rattache aux segmens
de l'abdomen qui sont étroits et dont le dernier
se termine par deux courts appendices, portant chacun un long filet très-mince , à son extrémité. La
tête est coupée sur le devant Les yeux sont petits,
noirâtres ; les antennes extérieures sont longues ;
les intérieures beaucoup plus courtes. Les pattes

sont ciliées : les deux antérieures sont grosses, épaisses, longues et didactyles. La femelle ne diffère pas du mâle.

Les Euphées sont des animaux qui paroissent avoir beaucoup de rapports communs avec les ligies; mais ils restent presque toujours cachés au milieu des plantes, de manière que je n'ai rien observé de particulier jusqu'à présent, sur leurs mœurs et leurs habitudes.

Dimens. long. 0,005. *larg.* 0,001. *Séjour : au milieu des ceramium.*

G. XXXIV. Talitre. *Talitrus.* Latr.

Les pattes de la seconde paire seules, terminées par une main, avec un doigt ou crochet mobile. Antennes supérieures plus courtes que les inférieures et sans filet, sur le pédoncule. Latr.

C'est à M. Latreille qu'on est redevable de ce genre qu'il a séparé des crevettes. Les talitres se tiennent réunis en troupes et se cachent sous les plantes que la mer amoncèle sur le rivage. Leur nombre est toujours fort considérable dans les endroits qu'ils fréquentent, et le saut rapide qu'ils

font au moment où ils se meuve·t les fait facilement remarquer. Une des deux espèces que je vais
décrire se tient en pleine mer, et sautille toujours
à la surface de l'eau pendant les calmes de l'été.

ESPÈCES.

1. T. GAMMARELLE. *T. Gammarellus* Latr.

T. Chelis magnis; pedibus posticis basi foliaceis. LATR.
Gen. Crust. et Inst. t. 1, p. 57, sp. 1. SCOP., ent.
Carn. N. 1136. PALL. Sp. Zool. fas. 9, t. 4, fig. 8,
BAST., op. sub., t. 2, l. 1, p. 31, tab. 3. fig. 7 et 8.

Le corps de ce crustacé est d'un verd pâle, nuancé
de rougeâtre ; il est composé de dix segmens com-
primés, à bords arrondis. Sa tête est petite. Ses yeux
sont rapprochés et luisans. Ses antennes supérieures
dépassent le premier article des inférieures qui sont
longues. Les pattes de la seconde paire sont grosses et leur dernier article est ovale, aplati, déprimé.
avec un crochet aigu. Les autres sont renflées à leur
base, et minces à l'extrémité. La queue est composée de trois appendices bifides dont celui du milieu
est fort court. La femelle pond des œufs jaunâtres plusieurs fois dans l'année.

VAR. A. On rencontre assez souvent une variété
d'un jaune pâle qui habite dans le sable.

*Dimens. long. 0,020. larg. 0,004. Séjour : sous les
pierres et les plantes du rivage.*

2. T. Tacheté de rouge. N. *T. Rubropunctatus.* N.

*T. Chelis minimis; pedibus secundo pari longissimis apice
ovatis , acutis.*

Cette nouvelle espèce a le corps comprimé, d'un
jaune clair , transparent ; composé de dix segmens
tâchetés de rouge. Sa tête est presque triangulaire,
ses yeux sont réniformes, réticulés ; ses antennes supérieures presque aussi longues que les inférieures,
avec les deux premiers articles très-gros et fort
longs. Le premier de ces inférieures est court et
renflé. La première paire de pattes est grêle, courtes ; la seconde est longue avec leur dernier article
ovale, tâcheté de rouge et terminé par un crochet.
La femelle porte des œufs blanchâtres, en avril.

Dimens. long. 0,015. *lorg.* 0,004. *Séjour* : *dans le
golfe de Nice.*

G. XXXV. Crevette. *Gammarus.* Fabr.

Les quatre pattes antérieures terminées par
une main, avec un doigt ou crochet mobile. Antennes supérieures plus longues
que les inférieures, avec des filets sur leur
pédoncule. Latr.

ESPÈCE.

G. Puce, *G. Pullex.* Fab.

G. Pedibus quatuor; anticis manu chelata terminatis.
Latr. Hist. Nat. des Crust. et des Ins., t. 6, p. 316,
pl. 57, fig. 1. Fabr. Ent. Syst., t. 2, p. 516. Linn.
Syst. nat. ed. 13, p. 1055. Geoff., Hist. des Ins.,
t. 2, p. 667, pl. 21, fig. 6,

Un des caractères les plus remarquables de cette
crevette est d'avoir les quatre premières pattes terminées par un doigt avec un crochet mobile. Son
corps est alongé, lisse, comprimé sur les côtés,
d'un blanc grisâtre et composé de treize segmens
arrondis qui diminuent insensiblement jusqu'à l'extrémité caudale. Sa tête est comme tronquée au-
devant. Ses pattes sont minces, grêles, les deux
premières paires sont plus courtes que les autres.
La femelle porte ses œufs au printemps.

Var. A. On trouve des individus coloré d'un
rouge pâle au *vallon obscur.*

Si l'on ne considère que la forme du corps et les
mouvemens natatoires, les crevettes ne paroissent
point différer des talitres; mais en observant avec
attention leurs organes, on aperçoit les différences
qui ont servi à séparer ces deux genres, malgré l'analogie qui existe entre eux. La crevette puce sans être

commune se trouve dans tous nos ruisseaux, où on la voit même pendant l'hiver.

Dimens. long. 0,016. larg. 0,002. Séjour : dans les eaux vives et de sources.

———

B.

Queue sans appendices.

G. XXXVI. CHEVROLLE. *Caprella*. Latr.

Corps linéaire, pattes longues, et toutes onguiculées. LATR.

———

Par l'ensemble de leurs formes extérieures, les crustacés tiennent à deux classes des animaux in-vertébrés; parmi eux les Brachyures ont beaucoup de rapports communs avec les arachnides, tandis que les Macroures se rapprochent davantage des insectes. Mais de tous les Crustacés macroures que je viens de décrire, aucun ne ressemble plus aux insectes que les chevrolles. En effet elles présen-tent la vraie forme des chenilles arpenteuses et empruntent au milieu des eaux, la légèreté et le mouvement de ces insectes. Les chevrolles de nos côtes se tiennent constamment sur les éponges ou dessous les pierres où elles se nourrissent de petites

néreides qu'elles recherchent avec avidité au milieu
des plantes marines. L'espèce non encore décrite
que j'ai trouvée sur nos rivages, se plaît à ram-
per au milieu des corallines.

ESPÈCES.

1. C. LINÉAIRE. Latr. *C. Linearis.* Latr.

*C. Pedum pare primo breviore, secundo longiore chelis-
que incrassatis monodactylis.* LATR. Gen. Crust. et
Ins., t. 1, p. 59, sp. 1. FABR. Ent. Syst., t. 2, p. 517.
HERBST., p. 6, N°. 9.

Le corps de cette chevrolle est alongé, linéaire,
composé de six segmens inégaux et d'un blanc jaunâtre. La tête est petite ; les yeux sont noirs et
sessiles ; les antennes supérieures beaucoup plus
longues et plus grosses que les inférieures. Les
deux premières paires de pattes sont un peu épaisses, leur avant-dernier article est oblong, arrondi,
et leur dernier est un ongle crochu ; les autres
pattes sont longues, grêles et inégales.

Dimens. long. 0,025. *larg.* 0,002. *Séjour : sur les
corps marins.*

2. C. PONCTUÉE. N. *C. Punctata.* N.

*C. Pedibus anticis brevibus ; secundo tertioque pari lon-
gissimis monodactylis.* N.

Cette espèce fréquente les eaux tranquilles où

pullulent les zoophytes coralligènes. Son corps est linéaire, d'un blanc sale, parsemé de points noirâtres en-dessus, composé de neuf petits segmens presque arrondis. La tête est petite, les yeux sont noirs; les antennes supérieures jaunâtres, un peu plus longues que les inférieures. La première paire de pattes est courte et épaisse; la seconde est composée de cinq longs articles renflés, et terminés par un ongle crochu. La troisième paire présente la même longueur et les deux dernières sont grêles, égales et distantes l'une de l'autre.

Dimens. long. 0,014. *larg.* 0,001. *Séjour* : *dans les varecs de beanlieu.*

G. XXXVII. CYAME. *Cyamus.* Latr.

Corps court; pattes courtes, quatre d'entre elles sans ongles. LATR.

ESPÈCE.

C. DE LA BALEINE. *C. Ceti* Latr.

C. Oniscus ceti. LINN. Syst. nat. ed. 13, p. 3011. N. 6, PALL. sp. Zool. f. 9, t. 4, fig. 14. LATR. Gen. Crust. et Ins., t. 1, p. 60, sp. 1. FABR. Suppl. Ent. Syst., p. 570.

Le cyame a le corps ovale, déprimé, composé

de six segmens d'un blanc jaunâtre. Sa tête est
petite, alongée, presque conique; ses yeux très-
petits; ses antennes supérieures plus longues que
les inférieures ; sa première paire de pattes courte
avec l'avant - dernier article ovale, terminé par
un crochet; la troisième et quatrième paires longues, filiformes, arrondies à l'extrémité; toutes les
autres semblables aux premières; le segment postérieur terminé par un petit tube presque triangulaire, obtus, avec deux pointes coniques en-dessous.

Les cyames paroissent présenter les mêmes
mœurs et les mêmes habitudes que les caliges.
Ces animaux se fixent indifféremment sur les céta-
cés ou sur les poissons pour se nourrir à leurs
dépens. Les thons qui en sont quelquefois atteints
paroissent souffrir beaucoup de ces hôtes incom-
modes, et lorsqu'ils en ont un très-grand nombre,
ils sont saisis d'une sorte de fureur qui les porte à
sauter très-souvent hors de l'eau.

Dimens. long. 0,012. *larg.* 0,008. *Séjour : sur les
Baleinoptères et les Scombres.*

HUITIÈME FAMILLE.
ASELLOTES.

G. XXXVIII. Aselle. *Asellus*. Latr.

Queue formée d'un seul segment, avec deux styles bifides. Quatre antennes sétacées, et terminées par un grand nombre des petits articles Latr.

ESPÈCE.

A. Ordinaire. *A. Vulgaris.*

A. Oniscus aquaticus. Linn. Syst. nat. ed. 13, t. 1, p. 2, p. 1061. Geoff. Hist. des Ins., t. 2, p. 672, pl. 22, fig. 2. *Asellus.* Latr. Gen. Crust. et Ins., p. 63. N. 1. *Idotea. aquatica.* Fabr. Suppl. ent. syst., p. 303.

Le corps de l'aselle est alongé, formé de huit segmens découpés sur leurs bords, d'une couleur brune, mêlée de gris et de jaunâtre, avec une raie obscure longitudinale. Sa tête est grosse, sinueuse; ses yeux sont petits. Ses antennes extérieures sont longues et les intérieures courtes. Sa queue est garnie de deux appendices cylindriques divisés en filets à l'extrémité.

Les aselles se trouvent fort communément dans tous les réservoirs naturels des environs de Nice. Les observations qui ont été faites sur ces animaux me dispensent d'entrer dans aucun détail sur leurs mœurs et leurs habitudes.

Dimens. long. 0,008. larg. Séjour : dans les eaux douces.

G. XXXIX. IDOTÉE. *Idotea.* Fabr.

Queue formée de deux ou trois segmens, sans styles bifides. Antennes supérieures filiformes, n'ayant que quatre articles. LATR.

Les idotées ne sont pas aussi voraces que les cymothoées, et les espèces qui composent ce genre ne sont point aussi multipliées dans nos mers. Leur mouvement consiste à plier leur corps en-dessous, et à le redresser aussi-tôt en ouvrant les deux plaques solides qui sont au-dessous de leur queue pour donner un libre essor à dix lames foliacées que l'animal dirige d'avant en arrière pour repousser l'eau et c'est uniquement à l'usage de ces organes que l'on doit attribuer le mouvement des Idotes, car ayant plusieurs fois détruit ces parties, j'ai vu ces animaux ne pouvoir plus se soutenir, tomber au fond de l'eau, et être obligés de se traîner sur le fond avec leurs pattes. Ils font ordinairement leur séjour à quelque distance du rivage. Leur accouplement ne paroît avoir lieu que pendant l'été, puisque malgré mes recherches, je n'ai trouvé que dans cette saison des femelles portant sous le ventre de trente à quarante petits individus qu'elles déposent sur les plantes marines.

E S P È C E S.

1. I. Échancrée. Fab. *I. Emarginata.* Fab.

I. Oblonga, griseo fusca; cauda emarginata. Fabr. Ent. Syst. Suppl., p. 3o3. N. 5.

Ce n'est qu'avec doute que je réunis cette espèce à l'idotée échancrée, décrite par Fabricius et qu'on trouve dans l'Océan. Son corps est alongé d'un gris cendré noirâtre, composé de sept segmens rugueux, arqués, égaux, à rebords unis, suivis de trois autres plus petits, auxquels adhère une plaque bombée terminée par deux échancrures peu profondes. Sa tête est arrondie, un peu échancrée sur le devant. Ses yeux sont réticulés. Ses antennes extérieures sont longues et leurs deux premiers articles sont courts et renflés; les deux suivans sont très-longs. Les pattes se terminent par un seul ongle, les postérieures sont très-longues.

Dimens. long. 0,014. *larg.* 0,003. *Séjour : dans les zostères du rivage.*

2. I. Verte. N. *I. Viridissima.* N.

Planch. 3, fig. 8.

I. Cylindrica, viridissima ; cauda semi lunari N.

Le corps de cette n ouvelle espèce est alongé, convexe en-dessus comme en-dessous, composé de sept segmens égaux, courbés, avec un petit rebord aplati sur les côtés, suivis de trois autres petits segmens très-arqués, auxquels adhère une longue plaque profondément échancrée, en demi lune à l'extrémité : il est coloré d'un beau vert brillant. La tête est échancrée en-devant. Les antennes ex-térieures sont très-longues ; les quatre premiers articles assez gros s'étendent jusqu'à moitié, de leur longueur totale. Les pattes antérieures sont moins longues que les postérieures.

Dimens. long. 0.040. *larg.* 0,008. *Séjour : dans les moyennes profondeurs.*

3. I. Lanciforme. N. *I. Lanciformis.* N.

Planch. 3, fig. 11.

I. Oblonga, nigra ; cauda lanceolata. N.

Le corps de cette espèce est cylindrique, com-posé de sept segmens égaux à bords arrondis, au dernier desquels adhère une longue plaque rele-vée et terminée en pointe. Il est d'un noir obs-cur et marqué dans son milieu d'une ligne longitudinale blanche, à reflets dorés. La tête est presque arrondie. Les quatre premiers articles des antennes extérieures forment environ le tiers de leur longueur totale. Les pattes antérieures sont aussi longues que les postérieures.

Dimens. long. 0,013. *larg.* 0,002. *Séjour : dans les Corallines.*

4. I. Pinceau. N. *I. Penicillata.* N.

Planch. 3, fig. 10.

C. Lineari, depresso, virescente griseo ; cauda penicillata. N.

On reconnoît aisément cette espèce à la forme cylindrique et légèrement aplatie de son corps, qui est composé de neuf segmens égaux quadrangulaires ; à sa couleur d'un vert grisâtre, finement pointillé de brun ; à sa tête qui se prolonge en pointe obtuse, et à ses antennes qui sont courtes et presque égales. Les pattes antérieures de cette idotée et les postérieures sont plus longues que celles du milieu. Sa queue est triangulaire, et terminée par deux longs filets soyeux et penicillés.

Dimens. long. 0,014. *larg.* 0,002. *Séjour : dans le fucus.*

G. XL. Cymothoée. *Cymothoa*. Fabr.

Queue formée de plusieurs segmens; corps ne se roulant pas en boule; pattes terminées par un crochet très fort.

Les Cymothoées diffèrent de tous les animaux de cette famille, non-seulement par leurs caractères génériques, mais par leurs mœurs et leurs habitudes. S'ils se rapprochent un peu des idotées, ils en diffèrent néanmoins beaucoup par la forme de leur corps et par leurs lames natatoires qui ne sont point renfermées dans une espèce de cloison. Ordinairement très-voraces; les cymothoées se fixent sur les poissons pour vivre à leurs dépens. Il est remarquable que chaque cymothoée choisit de préférence une espèce de poisson particulière. La *Casille* se jette le plus souvent sur le spare marseillois; l'*ortie* s'attache aux lèvres de la bogue; l'*albicorne* se trouve sur la baudroie; l'espèce que je nomme *rosacée* se tient sur l'apogon rouge; la *pointillée de noir* tourmente le sargue et le puntazzo; celle que je dédie à M. le professeur *Brongniart*, vit sur le spare mendolle; la cymothoée *naviculaire* se trouve sur la gade lépidion; la *birage* ronge la queue du lutjan Geoffroi, et la *bossue* se nourrit indifféremment sur les holocentres

et les centropomes. Les femelles des cymothoées
ont leur ventre garni de huit pièces écailleuses,
inégales, placées en recouvrement, lesquelles s'é-
cartent pour laisser une libre issue aux petits qui
éclosent dans le ventre. Chaque ponte est composée de trente jusqu'à six cents petits, et , elles se
renouvellent deux ou trois fois dans l'année.

ESPÈCES.

1. C. ŒSTRE. *C. Oestrum.* Fab.

C. Ovato-oblonga; ultimo segmento transverso. LA1R.
Gen. Crust. et Ins., p. 66 , sp. 2.

Cette espèce a le corps alongé, ovale, presqu'a-
plati, d'un blanc grisâtre luisant : il est composé de
sept segmens inégaux, courbés, suivis de cinq autres
plus petits, arqués et de la meme largeur ; le dernier étant transversal. Sa tête se prolonge en pointe
arrondie et les antennes sont inégales ; les extérieures sont un peu plus longues que la tête. Ses pattes
sont petites , larges et crochues. Sa queue est
presque quadrangulaire, dilatée et les appendices
qui la terminent sont courts et aigus.

*Dimens. long. 0,020. larg. 0,006. Séjour : dans les
endroits fangeux.*

2. C. ALBICORNE. *C. Albicornis.* Fab.

*C. Oblonga, grisea fuscoque marmorata; cauda pal-
lida, nigro-punctata.* N.

La longueur des antennes extérieures distin

gue cette espèce des autres cymothoées. Son corps
est alongé, bombé, d'un gris blanchâtre marbré
de petites taches ferrugineuses : il est composé de
dix segmens dont le premier très-gros, les quatre
suivans un peu moins, et les cinq derniers étroits
et arqués. Sa tête est arrondie, ses antennes sont
blanches et renflées à leur base. Ses pattes sont
garnies de quelques poils ; sa queue presque conique a ses appendices latéraux ovales et ciliés.

Dimens. long. 0,010. *larg.* 0,004. *Séjour : dans les
fucus.*

3. **C. Rosacée.** N. *C. Rosacea.* **N.**

Planch. 3, fig. 9.

*C. Ovata, rosacea ; cauda semilunata, pedibus poste-
rioribus spinosis.* **N.**

Cette nouvelle espèce a le corps ovale, oblong,
bombé, composé de sept gros segmens, suivis de
cinq autres plus petits, finement ponctués. Il est
d'un rose tendre, luisant, varié de fauve. Sa tête
est arrondie. Les trois premiers articles de ses antennes extérieures sont aussi longs que les douze
autres qui les terminent. Sa bouche est garnie de
palpes et d'une lèvre presque arrondie. Sa queue
est presque triangulaire, marquée longitudinalement de deux enfoncemens et échancrée en demi-
lune à l'extrémité ; ses appendices sont courts, ova-

les, oblongs et ciliés. Ses pattes antérieures sont courtes, et les postérieures sont longues et épineuses.

Dimens. long. 0,034. *larg.* 0,014. *Séjour : dans les rochers.*

4. C. POINTILLÉE DE NOIR. N. *C. Nigropunctata* N.

C. Oblonga, nigro punctata; pedibus quatuordecim; tertio pari longissimo; segmentis æqualibus. N.

La troisième paire de pattes trois fois plus longues que les autres, est un des caractères particuliers à cette espèce. Son corps est alongé, bombé, composé de douze segmens égaux; les derniers étant un peu plus arqués que les autres : il est d'un gris fauve, pointillé de noir. Sa tête est arrondie, petite; ses antennes presqu'égales à cinq articles blancs, cerclés de noir; elles sont moins longues que la tête : ses yeux sont très gros. Sa queue est arrondie avec ses appendices latéraux extérieurs subulés, les intérieurs en nageoires.

Dimens. long. 0,012. *larg.* 0,003. *Séjour : dans les algues.*

5. C. BRONGNIART. N. *C. Brongniartii.* N.

C. Oblonga rubropunctata ; pedibus quatuordecim : primo, secundo, tertioque pari longissimis; segmentis inæqualibus. N.

Cette cymothoée a le corps oblong, bombé, com-

posé de douze segmens dont les sept premiers sont
gros, les cinq derniers très-étroits et fort petits.
La couleur est d'un blanc sale, pointillée de rouge
avec une bordure sur les côtés. Sa tête est arrondie; ses antennes courtes presqu'égales; ses trois
premières paires de pattes très-longues, les autres
forts petites; sa queue traversée latéralement par
quatre légères sutures, arrondie et ciliée à l'extrémité : ses appendices sont ovales, oblongs, courbés et inégaux.

Dimens. long. 0,012. *larg.* 0,004. *Séjour : dans les
zostères.*

6. C. Naviculaire. N. *C. Navicularia.* N.

*C. Elongata, lutea ; pedibus quatuordecim ; primo,
secundo, tertioque pari brevissimis ; posterioribus
longissimis.* N.

La différence qui existe entre cette espèce et la
précédente, consiste particulièrement dans la briè-
veté de ses trois paires de pattes antérieures. Son
corps est alongé, un peu bombé, renflé vers le
milieu et très-étroit aux deux bouts ; les sept premiers segmens qui le composent augmentent insensiblement de grosseur, les cinq derniers sont plus
étroits et coupés en ligne droite, ils sont d'une belle
couleur jaune serin. Sa tête est fort petite, ses
yeux très-gros, ses antennes intérieures moins longues que les extérieures ; ses quatre dernières pai-

res de pattes sont très-longues; sa queue est arrondie , ainsi que les appendices latéraux qui la terminent.

Dimens. long. 0,012. *larg.* 0,004. *Séjour : sur les bancs de galets.*

7. C. Ricinoïde. Lam. *G. Ricinoïdes.* Lam.

C. Corpore ovato-oblongo, griseo; cauda semielliptica. N.

Cette espèce que j'ai trouvée nommée par M. de Lamarck dans la collection du Muséum d'histoire naturelle, a son corps ovale, oblong, bombé , composé de sept segmens égaux, suivis de cinq autres plus petits, arqués, colorés de gris varié de blanchâtre. Sa tète est arrondie en-devant; ses antennes sont courtes, sa queue presque elliptique avec ses appendices latéraux extérieurs lancéolés, et les intérieurs arrondis.

Var. A. On trouve quelquefois des individus d'un très-beau blanc luisant.

Var. B. Il y en a d'autres d'un noir brunâtre.

Dimens. long. 0,020. *larg.* 0,008. *Séjour : dans les profondeurs rocailleuses.*

8. C. A deux rayes. N. *C. bivittata.* N.

C. Ovato-oblonga, Cærulea, bivittata; capite rotundato ; cauda bisinuata. N.

Je donne ce nom à cette cymothoée à cause des deux larges raies blanches longitudinales qu'elle présente en-dessus. Son corps est ovale, oblong, bombé, d'un bleu d'ardoise luisant, composé de sept gros segmens qui sont suivis de cinq autres plus étroits. Sa tête est petite, ronde et aplatie. Les trois premiers articles de ses antennes extérieures sont renflés. Sa queue est large, presque quarrée, ayant deux sinus à l'extrémité avec ses appendices lancéolés et garnis d'une pointe à leur base.

Dimens. long. 0,038. *larg.* 0,018. *Séjour : dans les rochers coralligènes.*

9. C. Bossue. N. *C. Gibbosa.* N.

C. Ovata Gibbosa; castaneo, fusco, rubroque varia;

Capite trigono ; cauda rotundata. N.

Un corps très-bombé formant une espèce de bosse au-dessus du dos, a valu à cette cymothoée le nom qu'elle porte. Ses sept premiers segmens sont inégaux, les cinq suivans sont fort petits, très-étroits : tous sont colorés de châtain brunâtre luisant, varié de rouge; sa tête est triangulaire, un peu arrondie au sommet. Ses antennes extérieures ont huit articles presqu'égaux. Les intérieures sont forts courtes. Sa queue est large, arrondie à l'extrémité ; ses appendices sont oblongs, l'extérieur aigu et l'intérieur obtus. Les pattes sont crochues.

Dimens. long. 0,028. *larg.* 0,014. *Séjour : dans les fucus.*

C. XLI. Spherome. *Spheroma*. Latr.

Queue formée de deux segmens; corps se roulant en boule; crochet terminant les pattes, petit, ou de grandeur moyenne.

Un des caractères particuliers aux spheromes consiste dans la faculté qu'ils ont de se rouler en boule au moindre attouchement. La S. *cendrée* toujours cachée sous les pierres ou les plantes amoncélées par les flots sur le rivage préfère ces réduits humides pour se soustraire également à l'influence de la lumière et à celle de l'eau. L'espèce à laquelle je donne le nom de *trigone*, à cause de la forme de son dernier segment, ne se plaît qu'à l'ombre des ulves et des fucus qui croissent à quelques mètres loin des bords. L'*épineuse* qui n'a été décrite par aucun naturaliste, se tient cramponée sur les zostères, et s'avance très-rarement vers le rivage. Enfin celle que je dédie à mon ami *Lesueur*, habite sous les cailloux roulés du golfe de Nice.

Les spheromes des différentes espèces restent presque toujours réunies en grande troupe; la plupart se tiennent au fond de l'eau et se portent en foule sur les différens êtres marins dont elles veulent faire leur proie. Ces animaux marchent et nagent avec dextérité; ils servent de proie aux spares et à d'autres poissons.

ESPÈCES.

1. S. CENDRÉE. Lat. *S. Cinerea.* Latr.

S. Lævis ; segmento ultimo rotundato, utrinque oblique truncato ; appendicibus cum illius margine postico conniventibus, laminis æqualibus, ellipticis, acutis, margine ciliatis aut denticulatis. LATR. Gen. Crust. et Ins., t. 1, p. 65, sp. 1. *Oniscus globosus,* PALL. spic· Zool. fasc. 9, t. 4, fig. 18.

Son corps est oblong, convexe, composé de huit segmens égaux, d'un blanc grisâtre finement pointillé de noirâtre. Sa tête est sinueuse en-devant; sa queue grande et demi circulaire, avec des appendices lancéolés dont l'extérieur a cinq dents.

VAR. A. Corps gris, marbré de blanc et de brun-obscur ; antennes jaunes.

VAR. B. Corps d'un jaune pâle, bordé de jaune foncé sur son pourtour.

VAR. C. Corps d'un brun rougeâtre, avec de grandes tâches grises.

VAR. D. Corps d'un rouge foncé, variolé de blanc et de grisâtre.

VAR. E. Corps d'un vert clair, mêlé de jaune doré.

Dimens. long. 0,009. *larg.* 0,004. *Séjour : sur les bords de la mer.*

2. S. TRIGONE. N. *S. Trigona.* N.

S. Segmento ultimo trigono ; appendicibus lanceolatis. N.

Le corps de cette nouvelle espèce est ovale, peu convexe, composé de huit segmens presqu'égaux, terminés sur leurs bords en pointe émoussée. Il est d'un fauve clair pointillé de noirâtre. Sa tête est parallélogramique, ses pattes longues, sa queue presqu'arrondie, terminée par trois angles, avec des appendices lancéolés et unis sur leur contour.

Dimens. long. 0,008. *larg.* 0,004. *Séjour : dans les fucus.*

3. S. ÉPINEUSE. N. *S. Spinosa.* N.

Planch. 3, fig. 14.

S. Segmento ultimo spinoso, pileato ; appendicibus acutis ciliatis. N.

L'épineuse a le corps oblong, composé de huit segmens presqu'égaux, d'un jaune brunâtre, finement pointillé de bleu foncé. Sa tête est grande ; sa queue est aiguillonnée, scabre, couverte de poils rudes, et terminée par trois pointes saillantes ; ses appendices latéraux sont aigus et ciliés.

Dimens. long. 0,011. *larg.* 0,004. *Séjour : dans les conferves.*

4. S. LESUEUR. N. *S. Lesueuri.* N.

S. Segmento ultimo acuto, unidentato ; appendicibus ovatis integris. N.

Cette spherome a le corps oblong, bombé,

composé de huit segmens, dont les deux premiers sont assez gros, ceux du milieu fort étroits, et le dernier très-large; leurs bords latéraux se terminent en pointe aiguë. Elle est grise, variée d'une infinité de petits points bruns. Sa tête est pointue, et traversée au sommet, par des lignes profondes qui dessinent un cœur. Ses antennes intérieures sont aussi longues que le premier article des extérieures. Sa queue est bombée, bordée de rouge, terminée par une pointe relevée obtuse avec une petite dent de chaque côté.

Dimens. long. 0,009. larg. 0,003. Séjour : dans les ceramium.

G. XLII. BOPYRE. *Bopyrus.* Latr.

Antennes nulles ou point distinctes. LATR.

B. DES PALEMONS. N. *B. Palemonis.* **N.**

B. ovato, luteo, virescente vario; cauda rotundata. **N.**

Ce Bopyre est différent de celui que MM. Bosc et Latreille ont décrits. Son corps est ovale, aplati composé de sept petits segmens à peine apparents et terminé par une queue obtuse. Sa couleur est jaunâtre, mêlée de vert clair, avec deux lignes longitudinales brunes, dentelées. Sa tête est surmontée

par deux petits corps qn'on seroit tenté de prendre
pour des antennes. Ses yeux ne sont point visibles :
huit feuillets inégaux, membraneux, supperposés
les uns aux autres, sont placés sur les bords de
l'abdomen qui est d'un gris sale et marqué de dix
lignes transversales : sa queue est courte, blanche,
arrondie, formée de six segmens. Ses pattes sont
petites, recourbées, aplaties et crochues.

Les Bopyres sont parasites sur les diverses
espèces de palemons. La femelle de l'espèce que
j'ai observée dans notre mer, porte sur son
ventre de huit à neuf cent petits individus très-
apparens à la loupe de couleur blanche grisâtre,
qu'elle a toujours soin de déposer dans les endroits
fréquentés par les palémons. Dès que les petits
sont libres, ils s'attachent sur leur proie, comme
les écheneis sur les poissons, ils se glissent peu à
peu au-dessous de la partie latérale du corcelet
et la soulèvent pour se fixer près des branchies;
les palémons qui en sont attaqués se déforment
et présentent une tumeur fort remarquable sur les
côtés de leur corcelet.

Dimens. long. 0,009. larg. 0,007. *Séjour : sur les
Palemons.*

G. XLIII. ERGYNE. N. *Ergyne*. N.

Corps ovale aplati ; quatre antennes longues, ramifiées et plumeuses.

E. CORNE DE CERF. N. *E. Cervicornis*. N.

Planch. 3 , fig. 12.

Le corps de l'ergyne est ovale, aplati, lisse,
d'un beau rouge au milieu et bordé de blanc; il
est formé de cinq segmens. La tête est surmontée
par quatre antennes ramifiées et plumeuses , les
deux intermédiaires étant presqu'aussi longues que
le corps; les yeux sont peu apparens ; les pattes
au nombre de six de chaque côté, sont composées
d'articles courts et terminées par des aiguillons
très-crochus.

Les caractères singuliers que m'a présenté ce
crustacé, m'ont engagé à en former un genre nouveau qui doit appartenir à la division des asellotes.
L'ergyne est doué à-peu-près des mêmes mœurs
et des mêmes habitudes que les bopyres.
Mais on ne le trouve que sur les cancérides. Animal foible et indolent, il s'attache principalement
sous les branchies du Portune rondelet. La femelle a son ventre recouvert par des plaques superposées comme celles que présentent les cymo-

thoës et les idotées; elles se dilatent pour donner passage à vingt ou trente petits vivans, que la mère dépose dans les endroits fréquentés par les portunes. Le mâle a de très-petites dimensions et reste toujours sur la queue de la femelle.

Dimens. long. 0,008. *larg.* 0,006. *Séjour : sur le Portune rondelet.*

NEUVIÈME FAMILLE.

CLOPORTIDES.

G. XLIV. Ligie. *Ligia.* Fabr.

Antennes extérieures terminées par un filet composé de beaucoup d'articles. Latr.

L. Italique. *L. Italica.* Latr.

L. Antennis corporis fere longitudine, articulo ultimo circiter septemdecim aliis minimis confecto; stylis caudæ exsertis, æqualibus, pedunculis angustis elongatis. Latr. Gen. Cr. et Ins., t. 1, p. 67, sp. 1. Fabr. ent. Syst. Suppl., p. 302.

Cette ligie a le corps ovale, oblong, bombé, composé de sept segmens assez gros, suivis de cinq plus petits et terminé par deux appendices, portant chacun deux longs filets très-fins. Elle est d'un vert de gris varié de noirâtre finement pointillé. Sa tête est arrondie; ses yeux gros; ses antennes extérieures longues; ses pattes poilues et crochues.

Les ligies sont extrêmement communes sur nos rivages; elles courent sur les rochers avec une

vîtesse étonnante et sautent avec légèreté quand
on va pour les saisir. Chaque ponte de la femelle
est de trente à quarante petits qu'elle dépose sous
les plantes accumulées, par les flots, sur le rivage.

Dimens. long. 0,010. *larg.* 0,005. *Séjour : sur tous
nos bords.*

XLV. PHILOSCIE. *Philoscia.* Latr.

Antennes extérieures formées de huit articles,
insérées à nud, premiers anneaux de la queue
brusquement plus étroits que les précédens.

ESPÈCE.

P. DES MOUSSES Lat. *P. Muscorum.* Lat.

Cette philoscie a son corps ovale, oblong, bombé, composé de sept segmens assez forts, suivis de
cinq autres plus petits. Il est d'un cendré rougeâtre.
Toutes ses pattes sont comme épineuses ; les deux
pointes intermédiaires de sa queue sont toujours
plus courtes que les extérieures.

VAR. A. Dans les endroits élevés, on trouve des
individus marqués longitudinalement de deux
bandes de points blanchâtres.

VAR. B. On en voit aussi qui sont marbrés de
gris, de blanc, de jaune et de brun ; leurs dimensions sont toujours assez petites.

C'est à M. Latreille que l'on doit l'établissement de ce genre qui contient seulement l'espèce
dont je viens de donner la description. Les philos-
cies se tiennent dans nos environs, sous les pierres,
dans les endroits humides et n'en sortent pour
l'ordinaire que pendant la nuit.

Dimens. long. 0,025. *larg,* 0,012. *Séjour : dans les
pierres.*

G. XLVI. Cloporte. *Oniscus*. Linn.

Antennes extérieures formées de huit articles;
insérées sous un rebord. Latr.

ESPECE.

O. Ordinaire. *O. Asellus.*

O. *Supra obscure cinereus , scaber , maculis seriatis la-
teribusque flavescentibus.* Latr. Gen. Cr. et Ins., t. 1 ,
p. 70, sp. 1.

Les cloportes ont le corps composé de sept segmens assez forts , suivis de six autres plus petits :
le dernier est terminé par quatre appendices dont
les deux du milieu sont les plus longs. Leur couleur est cendrée et variée de taches jaunes et rougeâtres.

Ces animaux sont fort communs au printemps
dans le Lazaret de Nice; ils présentent à peu de
chose près les mêmes mœurs et les mêmes habitudes que ceux du genre précédent.

Dimens. long. 0,014. *larg.* 0,005. *Séjour : sous les
pierres.*

G. XLVII. PORCELLION. *Porcellio.* Fabr.

Antennes extérieures formées de sept articles;
   insérées sous un rebord, styles latéraux de
   la queue saillans et coniques. LATR.

Ce genre est fort voisin du précédent, et n'en
diffère principalement qu'en ce que les espèces
qu'il renferme ont un article de moins à leurs antennes, comme l'a fort bien observé M. Latreille à
qui nous devons son établissement.

ESPÈCES.

1. P. RUDE. *P. Scaber* Lat.

P. Corpore supra scabro, granulato. LATR. Gen. Cr. et
Ins., t. 1, p. 70, sp. 1. ONISEUS. *Asellus* Cuv. Journ.
d'Hist. Nat., t. 2, p. 23, pl. 26, fig. 9. PANZ. Faun.
Ins. Germ., fas. 9, fig. 21, FAB. Suppl. ent. Syst.
p. 500.

Le corps de cette espèce est granuleux et d'un

cendré obscur ; l'appendice du milieu de sa queue est un peu moins long que les styles latéraux.

Dimens. long. 0,020. *larg.* 0,010. *Séjour : dans les vieux murs.*

2. P. Lisse. Lat. *P. Lœvis.* Lat.

Porcellio Corpore Lœvi. Latr. Gen. Cr. et Ins., t. 1, p. 71, sp. 2. Geoffr. Hist. Nat. des Ins., t. 2, p. 46, Var. B.

Cette espèce ne diffère de la précédente que par son corps lisse, d'un cendré noirâtre, varié de jaune clair. Les styles latéraux de sa queue sont aussi un peu plus longs comparativement.

Var. A. On trouve des individus où le jaune domine sur le gris cendré.

Dimens. long. 0.016. *larg.* 0,009. *Séjour : dans les masures.*

G. XLVIII. Armadille. *Armadillo.* Latr.

Antennes extérieures formées de sept articles ; insérées dans une fossette dont les bords sont élevés ; styles latéraux de la queue non saillans ; corps se roulant en boule.

Une des propriétés des armadilles, c'est de se rouler en boule comme les spheromes au moindre attouchement. Quoique les différences qu'ils présentent avec les porcellions et les cloportes soient peu considérables, elles ont suffit cependant pour faire établir ce genre.

ESPÈCES.

1. A. COMMUN. Lat. *A. Vulgaris.* Lat.

A. Griseo plumbeus, segmentis margine postico albicantibus. LATR. Gen. Cr. et Ins., t. 1, p. 71, sp. 1. ONISC. *Armadiilo.* CUV. Journ. d'Hist. Nat., t. 2, p. 23, pl. 26, fig. 14 et 15.

La couleur du corps de cette espèce est d'un gris de plomb foncé et luisant : tous ses segmens sont bordés de blanchâtre.

VAR. A. On trouve dans nos environs des individus colorés de rougeâtre.

Dimens. long. 0,020. *larg.* 0,008. *Séjour : dans les fentes des murailles.*

2. A. MÉLANGÉ. Lat. *A. Variegatus.* Lat.

A. Segmentis nigris, albo marginatis ; dorso variegato. LATR. Gen. Cr. et Ins., t. 1, p. 72, sp. 2. ONISC. *Variegatus.* Vil. ent., t. 4, p. 188, t. 11, fig. 16. OL. Ent. Méth., t. 6, p. 24.

Cet armadille paroît ne différer du précédent que par sa couleur qui est plus foncée et mélangée de tâches grises jaunâtres.

VAR. A. Plusieurs individus présentent beaucoup de modifications dans le mélange des couleurs.

Dimens. long. 0,016. *larg.* 0,006. *Séjour : sous les pierres.*

3. A. Tacheté. Lat. *A. Maculatus.* Lat.

A. Segmentis cinereis, albo punctato supra dorso. N.

Cette espèce est d'un gris foncé avec sept rangées longitudinales de points blancs.

Var. A. On en trouve plusieurs individus qui n'ont que cinq rangées de points.

Dimens. long. 0,024. *larg.* 0,008. *Séjour : sous les pierres.*

G. XLIX. Glomeris. *Glomeris.* Latr.

Corps elliptique, convexe en - dessus, voûté en-dessous, se roulant en boule; antennes filiformes; point de palpes distincts. Latr.

ESPÈCE.

G. Bordé Lat. G. *Limbata.* Lat.

G. *Pedes sexdecim paribus , nigra , segmentis margine lutescentibus.* Latr. Gen. Cr. et Ins., t. 1, p. 74, sp. 2. Onisc. *Marginatus.* Vill. ent., t. 4, p. 187, t. 11, fig. 15. Ol. Enc. Méth., t. 6, p. 14. Panz. Faun. Ins. Germ., fasc. 9, fig. 23.

Le corps de cette espèce est d'un noir luisant , avec les segmens bordés de jaune.

Var. A. Plusieurs individus sont mélangés de gris, et de jaunâtre.

Var. B. D'autres ont une couleur jaune, rougeâtre, et présentent de plus fortes dimensions.

Ces animaux se trouvent fort communément sous les pierres qui sont entourées de gazon. Leurs mœurs et leurs habitudes diffèrent très-peu de celles des autres cloportides.

Dimens. long. 0,028. larg. 0,010. Séjour : sous les pierres.

DIXIÈME FAMILLE.

CLYPÉACÉS.

***

G. L. CALIGE. *Caligus*. MULL.

Têt d'une pièce ; un suçoir ; queue formée de deux filets dans le plus grand nombre des individus ; pattes antérieures terminées par un ou deux crochets ; les autres, branchiales ou natatoires. LATR.

***

Les caliges sont des animaux marins qu'on trouve parasites sur divers poissons. Le C. *imbriqué* muni de six lames avec lesquelles il chasse l'eau pour exécuter ses mouvemens de natation , se porte tantôt sur les branchies, tantôt sur les lèvres du squale féroce, sur lequel il se tient cramponé. L'espèce à laquelle Muller a donné le nom de *prolongé*, se tient toujours sous les nageoires du squale griset. Ces animaux courent avec dextérité et se fixent sur la peau des poissons cartilagineux la moins dure, et la plus propre à être percée par leur suçoir. Ordinairement indolens ils se tiennent sur une partie qu'ils n'abandonnent presque jamais sans

Leur canal alimentaire se replie en traversant le
corps au bas duquel se trouvent deux espèces de
moignons qui sont peut-être des organes respira-
toires ou génératifs. Les femelles paroissent ren-
fermer quelques œufs dans un sac qui est placé au
bas de l'abdomen. Les petits caliges qu'on voit en
octobre sont toujours situés dans des sortes de
cavités où ils se trouvent abrités. On ne rencontre
ces crustacés qu'au nombre de dix à vingt sur chaque squale.

ESPÈCES.

1. C. Prolongé, *C. Productus*. Mull.

C. Corpore oblongo luteo; testa orbiculata; punctis dua-
bus aureis coadunatis. N. Mull., p. 132, t. 21,
fig. 3 et 4.

Son corps est oblong, lisse, d'un jaune luisant
avec une ligne obscure dans son milieu. Son têt est
orbiculaire, foiblement échancré sur le devant, et
orné de deux points dorés réunis. Ses antennes ont
trois articles; ses pattes antérieures n'ont qu'un
ongle crochu; les postérieures en ont deux plus
aigus. Son abdomen est alongé, composé de trois
segmens dont les deux premiers sont garnis de
deux lames arrondies et le dernier, très-long,
divisé en deux parties, chacune ayant un appendice canaliculé à l'extrémité. A la base de ces
appendices sont deux lames garnies de quatre
pointes aiguës.

11

Dimens. long. 0,052. *larg.* 0,008. *Séjour : sur le squale griset.*

2. C. IMBRIQUÉ. N. *C. Imbricatus.* N.

Planch. 3, fig. 13.

C. *Corpore oblongo, virescente luteo ; abdomine imbricato.* N.

Je donne le nom d'imbriqué à ce calige par rapport aux écailles en forme d'élytres qui sont placées à la base de son têt et qui recouvrent entièrement son ventre. Son corps est coriace, glabre, d'un vert jaunâtre. Son têt forme un écusson alongé, conique, tronqué en-devant, large et arrondi en arrière, finement dentelé sur son contour, et marqué sur son milieu d'une ligne brune ; ses antennes sont formées de deux articles; ses deux pattes antérieures sont courtes et les deux postérieures larges et aplaties ; toutes sont terminées par deux ongles crochus. Son abdomen est étroit, composé de quatre segmens presque arrondis, garnis de chaque côté par trois lames foliacées ; le dernier est terminé par deux courts filets aplatis.

Dimens. long. 0,014. *larg.* 0,005. *Séjour : sur le squale féroce.*

ONZIÈME FAMILLE.

OSTRACODES.

—

G. LI. Lyncée. *Lynceus*. Mull.

Tête distincte ; deux yeux l'un devant l'autre, le postérieur plus grand ; antennes en pinceaux Latr.

—

ESPÈCE.

L. A queue courte. Lat. *L. Brachyurus*. Lat.

L. Testa globosa ; cauda deflexa ; antennis quaternis Fabr. Ent. Syst., t. 2, p. 497, N°. 36. Mull. Entomostr. p. 69, pl. 8, fig. 1 à 12. Latr. Hist. Nat. des Cr. et des Ins., t. 4, p. 204.

On reconnoît aisément ce petit ostracode à la forme de son têt qui est sphérique et transparent, composé de deux valves égales, à sa tête en forme de bec, ainsi qu'à son corps divisé en huit segmens et terminé par une petite queue garnie de deux filets courbés et presque bifides à leur pointe.

La forme du lyncé diffère peu de celle des

cypris. L'espèce qu'on trouve dans nos environs est assez rare : ses mœurs et ses habitudes ont beaucoup de ressemblance avec celles des animaux suivans. On la trouve au milieu des plantes aquatiques.

Dimens. long. 0,003. larg. 0,001. Séjour : dans les eaux stagnantes.

G. LII. Cypris. *Cypris*. Mull.

Tête cachée ; antennes terminées en pinceau. Latr.

Les trois cypris que je vais décrire, ont des mœurs et des habitudes assez différentes. La cypris *réniforme* se plaît dans les eaux vives, et meurt si on la transporte dans une eau tranquille : sa natation est légère ; elle nage et marche avec vivacité. La seconde espèce vit, au contraire, dans les eaux stagnantes, et se reproduit avec facilité, elle disparaît pendant l'été, en se cachant au fond des eaux. La troisième joint à sa forme remarquable, une assez grande dimension ; c'est l'espèce la plus vorace de nos environs.

ESPÈCES.

1. C. Reniforme. N. *C. Reniformis.*

C. *Testa reniformi, viridi, antice et postice ciliata.* N. Daudeb. Annal. du Mus. d'Hist. Nat., t. 7, p. 215 pl. 12, fig. 4.

Le têt de cette espèce est oblong, réniforme,

un peu velu aux extrémités. Les deux pattes de devant sont grosses, coudées en-dessous, et les postérieures sont alongées, terminées en forme de faulx. On voit aussi des individus couverts de très-petits points transparents.

Dimens. long. 0,001. *larg.* 0,0005. *Séjour :* dans *les fontaines.*

2. C. Jaune. N. *C. Lutea.* N.

C. Testa subreniformi, lutea, pellucida, glaberrima. N.

Ce cypris a le têt presque réniforme, il est très-lisse, sa couleur est d'un jaune d'écaille, luisant ; ses antennes sont terminées par cinq soies très-minces. Ses pattes sont égales, et courbées en arc.

Dimens. long. 0,001. *larg.* 0,0005. *Séjour :* dans *les eaux stagnantes.*

3. C. Épineuse. N. *C. Spinosa.* N.

C. Testa ovata, oblonga spinosa, pellucida, fasciis longitudinalibus virescentibus. N.

Le caractère de cette belle espèce, consiste dans la longue épine dont chacune de ses valves est armée vers son milieu. Son têt est ovale, oblong, d'un blanc nacré, translucide, marqué de deux lignes longitudinales verdâtres. Ses antennes sont terminées par huit soies très-fines. Ses deux pattes antérieures sont un peu plus longues que les postérieures.

Dimens. long. 0,004. *larg.* 0,003. *Séjour :* dans *les mares.*

SUPPLÉMENT.

PENDANT l'impression de cet ouvrage, j'ai eu l'occasion de reconnoître dans le golfe de Nice les deux Crustacés, dont je vais donner ci-après la description. Le premier doit constituer un nouveau genre qu'il convient de placer entre celui des *Nikas* et celui des *Alphées*, dans la famille des Homardiens. Le second constitue une nouvelle espèce dans le genre *Binoculus*, de Geoffroy, dont la place est dans la famille des Clypéacés, après le genre *Calige*.

G. AUTONOMÉE *Autonomœa*. N.

(Famille des Homardiens).

Pattes de la première paire seulement didactyles.

ESPECE.

1. A. D'OLIVI. *A. Olivii*.

Cancer glaber. OLIVI. Zool. Adriat., p. 51, pl. 3, fig. 4.

Son corps est allongé, glàbre ; son corcelet un

peu renflé, terminé en avant par une pointe aiguë
droite, qui dépasse à peine les yeux ; ceux-ci sont
globuleux, sessiles, et d'un bleu noirâtre. Les antennes intérieures sont formées d'une base tri-arti-
culée, dont l'article inférieur est renflé et armé
d'un aiguillon, l'intermédiaire long et cylindrique
et le dernier court et arqué : celui-ci sert de point
d'attache aux deux filets qui terminent ces antennes
et dont un est plus long et plus épais que l'autre.
Les pièces latérales qui sont situées à côté de ces
antennes, sont subulées, arquées et pointues. Les
antennes extérieures placées, au-dessous des intérieures sont une fois et demie plus longues que le
corps, très-déliées, composées d'une multitude
d'articles dont les deux premiers sont les plus gros :
le second présentant à son extrémité une touffe
de poils rudes. Les palpes sont petits, courts et
anguleux, les deux extérieurs un peu plus longs
et ciliés que les internes.

Les pattes de la première paire sont grandes,
épaisses, inégales, didactyles, composées de six
articles, dont le premier est presque quadrangulaire, le second, court et à-peu-près cylindrique,
le troisième anguleux, terminé par une pointe, le
quatrième triangulaire allongé garni de huit aiguillons très-effilés sur l'une de ses arrêtes, le cinquième petit, en forme de cœur renversé et le dernier fort long, applati rebordé de chaque côté
avec une ligne élevée au milieu de sa surface infé-

rieure et des dents crochues et poilues à son ex-·
trémité. Les autres pattes sont courtes, minces et
terminées par des crochets simples. L'abdomen est
composé de six segmens lisses, arrondis, festonnés
sur les côtés; il est garni en-dessous, d'appendices
foliacées. La queue est terminée par cinq écailles
natatoires, dont l'intermédiaire est solide, tronquée au sommet, avec une petite pointe de chaque
côté: les latérales sont arrondies et ciliées. Ce Crustacé est demi transparent, jaunâtre, légèrement
varié de teintes rougeâtres. Les pattes de la première paire sont d'un assez beau rouge en-dessus,
et d'un jaune clair en-dessous. Les antennes extérieures sont blanchâtres, ainsi que le plus long
filet des antennes intérieures.

La femelle ne paroît pas différer du mâle, par
ses caractères extérieurs. Elle porte ses œufs qui
sont rougeâtres, vers le milieu de l'été.

Dimens. long o,o34. larg. o,oo8.

La forme du corps de ce Crustacé le rapproche
beaucoup, ainsi que nous l'avons dit des *Nikas*
et des *Alphées*, mais il diffère néanmoins des
premiers, en ce que les deux pattes de la première
paire, sont didactyles, tandis qu'une seule présente cette conformation dans les Nikas. D'ailleurs
les Alphés en sont suffisamment distinguées en ce
que le nombre des pattes didactyles de ces derniers, est de quatre au lieu de deux.

Les Autonomées sont fort rares sur les côtes de la Méditerranée boréale, où les Alphées et les Nikas pullulent. Elles vivent isolées dans les algues et dans les endroits fangeux.

G. BINOCLE. *Binoculus.* Geoffr.

Têt d'une seule pièce; point de mâchoire; un bec; queue bilobée; deux pattes terminées en crochets; deux en forme de ventouses, les autres natatoires. LATR.

Une seule espèce formait ce genre avant la découverte de celle que je vais décrire; cette espèce est le *Binocle à queue en plumet*, de Geoffroy, auquel les naturalistes ont donné successivement les noms de *Monocle*, d'*Ozole* et d'*Argule*. Elle vit sur le petit poisson d'eau douce, appelé *Gasterostée*, *Epinoche*, et même *Savetier*, à cause des piquans dont il est muni et qu'on a comparé à des alênes.

La nouvelle espèce qui s'est présentée à mon observation est marine, et se tient ordinairement placée à la base des nageoires pectorales du *Caranx Magnifique*. Tous ses caractères principaux la rapportent évidemment au genre *Binoculus*. Son têt est simple, de consistance coriace, demi-transparent, de manière qu'on peut apercevoir à travers, les différens organes intérieurs. Ses yeux semblent mobiles. Sa bouche se compose d'un bec ou d'une trompe qui ne lui permet que de prendre des alimens liquides. Son anus présente de chaque côté une pièce foliacée, articulée sur le dernier segment de l'abdomen, et qui est assez analogue à celles qu'on remarque dans les Cymothoées et les idotées dont l'usage est d'agir concurremment avec les pattes, pour la natation. Ses pattes sont terminées par des filets dont le mouvement est continuel, soit que l'animal se meuve, soit qu'il reste en repos. Celles de la première paire, sont armées chacune d'un ongle crochu très-fort, et sont munies d'une ventouse. Les organes de la génération du mâle paroissent consister en deux petits tubercules coniques, blanchâtres, qu'on ne voit développés qu'à certaines époques, lesquels sont situés à la base de la dernière paire de pattes.

ESPÈCE.

1. B. Bicornu. N. *B. Bicornutus.* N.

B. Corpore ovato, oblongo, violaceo, lineis albidis longitudinaliter transversis; clypeo elongato, punctulato. N.

Son corps est ovale, oblong, un peu bombé au

milieu, arrondi sur le devant , aplati et échancré
de chaque côté. Son chaperon est alongé ovalaire,
finement pointillé vers sa partie postérieure et à
bords latéraux abaissés. Ses yeux placés sur les
côtés de ce chaperon paroissent réniformes en-
dessus; ils sont à facettes et de couleur noirâtre;
on les voit aussi en-dessous , mais sous cet aspect ,
leur forme est ronde. Sa trompe, placée au-dessous
du chaperon est mobile, obtuse à l'extrémité ,
avec son orifice arrondie , susceptible de s'allon-
ger , de se racourcir et de se porter dans tous
les sens. A droite et à gauche de cette trompe ,
sont les deux ventouses. L'abdomen paroît formé
de quatre segmens, dont le dernier donne attache
aux lames natatoires dont nous avons parlé ; chacun
supporte une paire de pattes sur ses bords latéraux.
Ces pattes sortent au-delà du têt, toutes sont formées
de quatre articles, dont le dernier est terminé par
deux filets très-fins poilus et transparents. Au-
dessus de ces quatre paires de pattes (qui sont les
postérieures), on en remarque deux autres pattes ,
courtes et coudées, composées de cinq articles, dont
le premier est fort petit, le second renflé , les autres
plus longs et cylindriques , et le dernier crochu :
ces pattes ont sur une de leurs faces, des sortes de
capsules coniques au nombre de sept , jaunâtres ,
servant probablement de suçoir pour s'attacher. Les
ventouses sont situées encore au-dessus ; elles paroissent sessiles, leur forme est conique, arrondie ,

leur bord est entouré d'un cercle doré et d'une membrane très-fine frangée leur dimension est assez considérable.

Enfin, encore au-dessus des ventouses, qu'on doit considérer comme formant la première paire de pattes, on voit deux tentacules comme charnus, très-minces à l'extrémité, et supportant chacun, six petits tubes jaunes, placés sur trois rangs et qui leur donnent l'aspect d'un bois de Cerf. On peut regarder ces parties comme les antennes.

Ce Binocle est d'un beau violet en-dessus, avec six lignes blanchâtres, longitudinales et parallèles entr'elles. Le dessus du corps est blanc ; les pattes des quatre dernières paires, sont d'un bleu cendré.

Dimens. long. 0,016. *larg.* 0,010. *Séjour : sur le caranx magnifique.*

Ici se termine l'énumération des espèces de Crustacés que j'ai observées sur les rivages des environs de Nice. Je les ai classées principalement, selon la méthode de M. le Professeur De Lamarck, et j'ai adopté néanmoins, en leur assignant la place qui leur appartient dans cette méthode, les genres établis par M. Latreille, dans son *Systema Crustaceorum et Insectorum.* Cependant, certains Crustacés, dont la découverte m'est propre, n'ayant pu être rangés dans aucune des divisions systématiques qui sont dues à ces deux célèbres Naturalistes, je me suis trouvé dans la nécessité d'établir plusieurs nouveaux genres ; mais seulement lorsque cela m'a paru nécessaire et alors je me suis toujours strictement attaché à suivre les principes qui ont servi de base à la méthode que j'ai adoptée.

Ces genres nouveaux, au nombre de neuf, remplissent plusieurs lacunes qui existoient dans la série des genres anciens, ils rapprochent, par les caractères intermédiaires qu'ils présentent des animaux qui paroissoient assez éloignés les uns des autres, soit par leur structure, soit par leur organisation ; ils donnent de nouveaux exemples à l'appui de cette opinion, assez goûtée aujourd'hui, que les différens êtres vivans sont liés entre eux par une foule de rapports, qui s'entrecroisent, et que ce seroit en vain qu'on voudroit en former une série non-interrompue.

Mais les genres, ainsi que les ordres ou toutes autres divisions quelconques, ne sont que des moyens de classification employés par les naturalistes ; ces dénominations n'indiquent rien d'essentiellement positif, puisqu'elles sont le résultat des observations plus ou moins exactes des hommes, et des réflexions plus ou moins justes ou profondes, que ces observations leur ont suggérées. L'étude seule des espèces offre une base solide, sur laquelle la science peut s'appuyer pour augmenter avec fruit, ses progrès toujours croissans. Je me suis donc attaché à bien étudier les espèces de Crustacés qui pullulent sur nos rivages, à leur

174

assigner des caractères précis, et à en fixer le
nombre autant qu'il a été en mon pouvoir de le
faire. Parmi celles qui avoient déjà été l'objet des
travaux des premiers Naturalistes qui ont écrit
sur ces animaux de la Méditerranée, je n'ai re-
connu bien positivement que soixante espèces,
auxquelles j'en ai ajouté soixante-quinze (1), qui
m'ont paru absolument nouvelles. Le nombre de
ces dernières est très-grand et cependant, je ne
doute en aucune façon, que celui des Crustacés
qui restent à connoître aux environs de Nice, ne
soit encore beaucoup plus considérable.

Quoique la description exacte des espèces ait été
l'objet principal, que je m'étois proposé dans mon
travail, je n'ai pas cru devoir négliger l'étude des
mœurs, et des habitudes propres à ces espèces,
j'ai indiqué pour chacune, la profondeur de la
mer, à laquelle elle se tient ordinairement, la
nature des régions qu'elle fréquente le plus volon-
tiers; enfin, j'ai fait connoître, outre les différences de conformation qu'on remarque entre les
mâles et les femelles, l'époque de la ponte de ces
dernières, et autant que je l'ai pu, le nombre ap-
proximatif des œufs qu'elles déposent.

Je n'ai perdu de vue, pour aucune espèce, les
différentes considérations que je viens d'exposer

---

(1) Sans y comprendre trente-huit Variétés.

rapidement ; je me trouverois heureux , si les véritables naturalistes, ceux auxquels les progrès de la science sont plus chers que les vues particulières qui dirigent tant d'autres , apprécient mes efforts , et s'ils ont pu trouver dans mon ouvrage , des faits nouveaux , ou, au moins, s'ils reconnoissent que j'ai pu approcher du but que je m'étois proposé, d'ajouter quelques pages au grand livre de la nature.

FIN.

ERRATA.

Page 31 , lig. 8, *Portunus Biguttatus* , pl. 1 , fig. 1 ; *lisez* : pl. 1 , fig. 2.
—— 36. lig. 14, Leucos. fabr., *lisez* : *Leucosia.* FABR.
—— 128 lig. 1 , G. *Pullex* , *lisez* : Pulex.

Le nom de *Calypso,* que je donnois au nouveau genre que je décris page 74 , ayant déjà été employé par les Naturalistes , je propose de lui substituer de JANIRA.

Je changerai aussi celui de MELICERTA , voyez page 110 , employé par Péron , pour désigner un genre de méduse , en celui de LYSMATE. *Lysmata.*

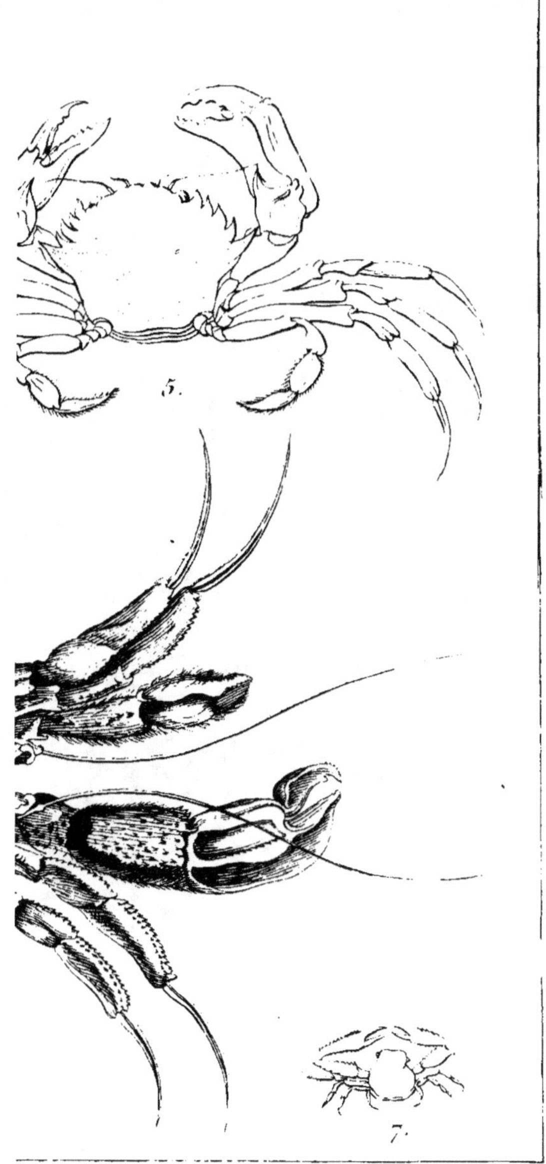

Planche 1.

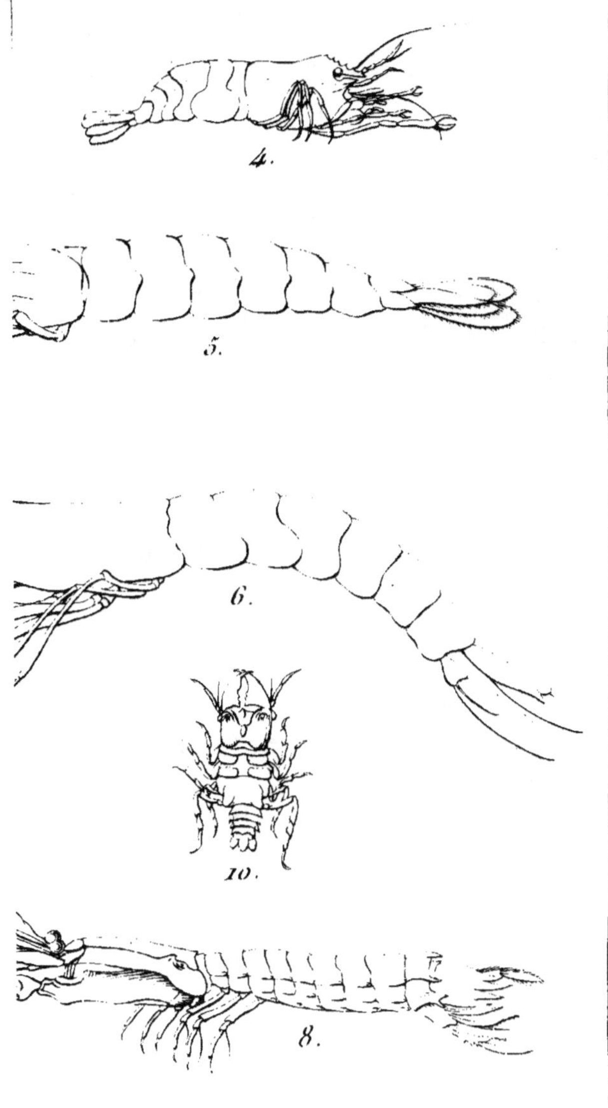

4.
5.
6.
10.
8.

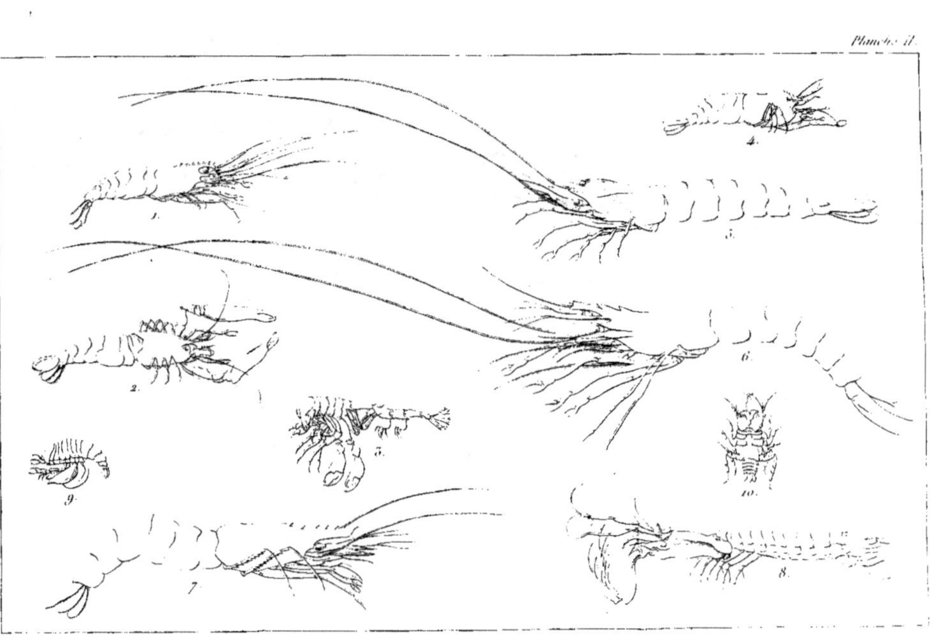
Planche II.

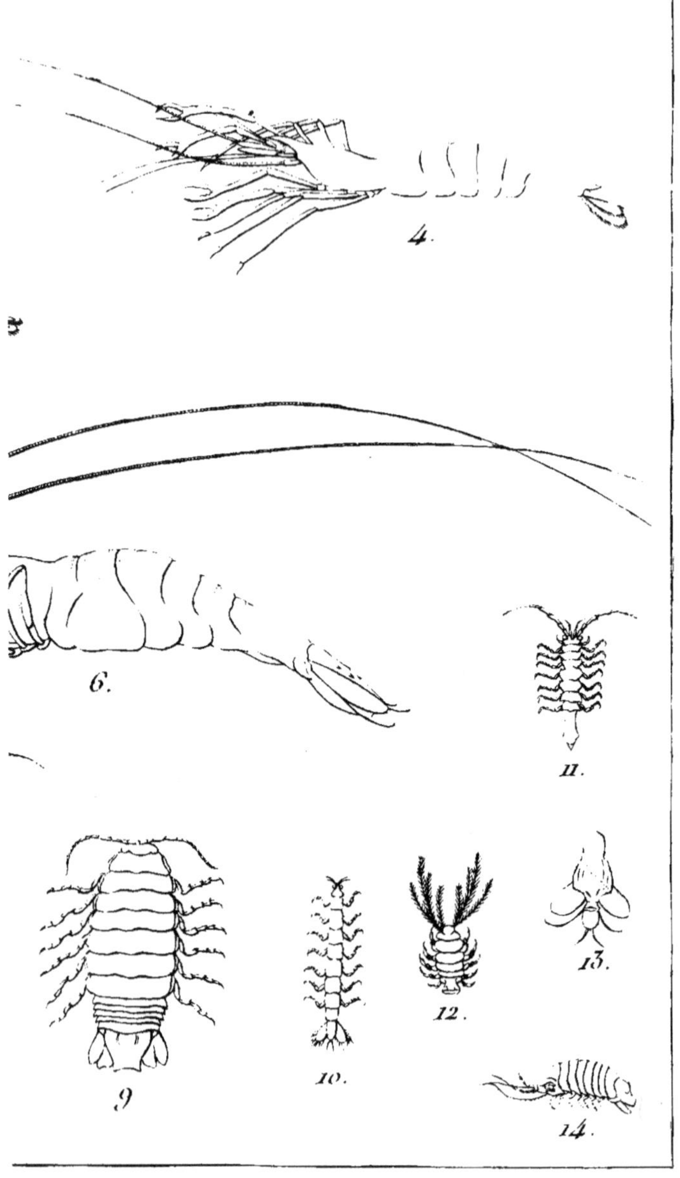

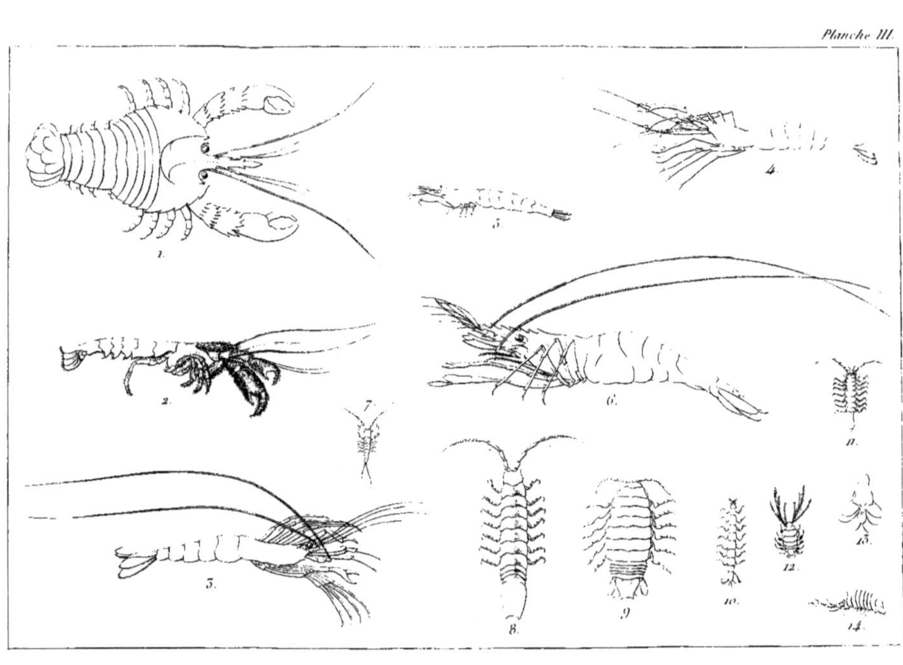

Planche III.